Das alte Handwerk in Vorpommern

Edwin Kuna

Haff Verlag

Bibliografische Information:

Die Deutsche Nationalbibliothek verzeichnet diese Publikation in der Deutschen Nationalbibliografie; detaillierte bibliografische Daten sind im Internet über dnb.d-nb.de abrufbar.

Das alte Handwerk in Vorpommern

Edwin Kuna

1. Auflage

Print: ISBN: 978-3-942916-91-2

Ebook-Ausgaben:

PDF: 978-3-942916-92-9

EPUP: 978-3-942916-93-6

Haff-Verlag, Dr. Edwin Kuna

Grambin 2014

Inhaltsverzeichnis

Einführung

„Handwerk hat goldenen Boden"

- diese Handwerkerweisheit ist uralt auch in Anklam, Greifswald, Jarmen, Lassan, Pasewalk, Strasburg, Ueckermünde, Usedom oder Wolgast. Die heutigen Kreishandwerkerschaften verfügen über eine lange Tradition. Das Handwerk war über Jahrhunderte hinweg eine ernsthafte Sache, lebensnotwendig und in jeder Stadt angesehen. In den pommerschen Städten bildete die Handwerkerschaft wirtschaftlich die wichtigste Gruppe der Stadtgemeinde.

Beim Gang durch die Straßen der Städte stößt man heute wieder auf lebhafte Hinweise von Handwerkstraditionen vergangener Zeiten. Schilder von Straßen und Plätzen verweisen darauf, dass eben dort an jenem Ort, womöglich in diesem Haus, vormals Handwerker lebten und arbeiteten wie in der Wollweberstraße in Anklam; in der Rotgerber-, Salinen-, Weißgerberstraße in Greifswald; in der Mühlenstraße in Lassan; auf der Große(n) Ziegel- und Mühlenstraße in Pasewalk; in der Hutmacherstraße in Penkun; am Walkmühler Weg in Strasburg, beim Teerofen-Rain in Torgelow; in der Töpferstraße in Ueckermünde oder Bleichstraße zu Wolgast.

Moderne Ökoprodukte gleich ob Nahrungsmittel, Kleidungsstücke, Drechsler- oder Töpferwaren stammen wieder aus belebtem alten Handwerk und je ursprünglicher heute ihre Herstellungsweise, desto höher der Preis für den Besitz. An traditionellen Handwerken wurden in der Region wieder belebt z. B. die Buchbinderarbeiten, Korbmacherei, Goldschmiede, Handweberei, Sattlerei oder die Töpferei.

Handwerker fertigten Waren immer schon zum Zwecke des Gebrauchs und der Freude an schönen Dingen für die einheimischen Leute, natürlich auf die unterschiedlichen Geldbeutel angepasst.

Damals galt nicht weniger als heute, verkauft wird dort, wo sich Kundschaft einstellt und die Waren bestellt. Anklam, Greifswald und Wolgast waren würdige Mitglieder der mittelalterlichen Hanse und wurden wohlhabend insbesondere durch den Heringsfang und Tuchhandel. Die ältesten und angesehensten Gewerke der Stadt waren die der Bäcker, Schmiede, Schuhmacher und Tuchmacher; wie in anderen Städten wurden die vier bedeutendsten Handwerke als das Viergewerk bezeichnet und ihren Vertretern wurde u. a. ein Mitspracherecht bei städtischen Entscheidungen eingeräumt.

Wolgast war seit 1295, mit einer Unterbrechung 1474-1532, Residenz einer Seitenlinie der pommerschen Fürsten und damit gleichzeitig Regierungssitz. Hier residierten die herzoglichen Familien mit Hofstaat, fanden wichtige Landtage statt, das hohe Gericht wurde gesprochen und die rechtsgelehrten Beamten verwalteten das Land. In Ueckermünde blieb das Schloss bis zum Aussterben des Greifengeschlechts fürstliche Residenz. Und die Hansestadt Greifswald erhielt 1449 eine Universität. Dieses gesellschaftliche Umfeld wirkte sich äußerst günstig auf das Handwerk aus, es wurden ausgewählte Schmuck- und Modewaren, Möbel, Papier, Tinte, Buchbinderei und Buchdruck gebraucht, so dass gediegenes Handwerk und Bildung, Wissenschaft, Malerei und Musik gefördert wurden. Auch andere Handwerker wie Bernsteindreher, Büchsenmacher, Goldschmiede, Hoforganisten, Kunstpfeifer fanden an den Höfen lohnende Arbeit.

Ab Ende des 18. Jahrhunderts blühten insbesondere in Anklam, Ueckermünde und Wolgast die Schifffahrt und der Segelschiffbau auf, die bald im Seehandel einen sehr guten Ruf genießen konnten. In Straßburg und Pasewalk brachten die eingewanderten Refugiés das Tabakgewerbe aus der Heimat mit. Die Pasewalker Kürassiere stellten nicht nur Militärhandwerker ein, sondern die Regimenter bezogen auch Lebensmittel und viele Handwerkswaren von den einheimischen Meistern.

Bis zur Einführung der Gewerbefreiheit im 19. Jahrhundert war das Stadthandwerk überall in Zünften bzw. Ämtern organisiert. Handwerkerexistenzen auf dem Lande duldeten die Landesherrschaften nur bei den Schmieden, Schneidern, Müllern, Leinewebern, Rademachern, Zimmerleuten und vereinzelt bei den Schustern, in einer Entfernung von mindest einer Meile von der Stadt geduldet, so richteten es die Landesgesetze von 1663 und die Polizeiordnung von 1681 aus schwedischer Zeit. Auch durften Meister auf den Dörfern keine Lehrjungen annehmen und nicht mit ihren Waren die Märkte beziehen.

Das alte Handwerk zeigte sich hauptsächlich als Stadthandwerk. Alle Meister eines Gewerks beschlossen mit Zustimmung der ehrwürdigen Stadträte, sowie auch der hohen Landesherren, eigene Arbeitsregeln und Gesetze in einer Amtsrolle, die regelmäßig in Zeitabständen konfirmiert, d. i. bestätigt und bekräftigt, und mitunter nach Jahrhunderten auch gänzlich erneuert werden mussten. Wirtschaftliche Konkurrenz unter den Meisterbetrieben schloss man grundsätzlich aus; Einkauf, Absatz,

Qualität, Größen, Gewichte oder Preise innerhalb eines Gewerks regelten die gefassten Statuten. Allerdings herrschte über das Handwerk im Interesse der Bürger eine Aufsicht und Kontrolle, insbesondere bei Lebensmitteln, bei Goldschmiede- oder Böttcherwaren.

Praktisch bedeutete das Handwerkerleben: Arbeiten und Leben unter einem Dach. Im mittelalterlichen Giebelhaus lag die Werkstatt mit Verkaufsraum in der unteren Etage, darüber wohnten in ein bis zwei Etagen der Meister mit seiner Familie, und meist auch ein Teil der Gesellen und Lehrlinge. Das war aber nur im besten Falle so, denn der überwiegende Teil der Handwerker lebte meist sehr bescheiden. Stets war der Handwerksbetrieb eine große Familie, die Meisterfrau kochte und sorgte für alle Mitglieder. Daher waren auch freie Kost und Unterkunft fester Vertragsbestandteil für Lehrlinge oder Gesellen. Mitunter wurden die Lehrlinge auch vom Meister kleidungsmäßig ausgestattet.

Mit der Einführung der Gewerbefreiheit in Preußen im Jahr 1809, die im Regierungsbezirk Stettin sofort, im Regierungsbezirk Stralsund erst 40 Jahre später wirksam wurde, setzte ein grundlegender Wandel im Handwerk ein. Die neuen Gewerbeordnungen schafften den alten Wanderzwang der Gesellen ab, verboten Prüfungen mit hohen Unkosten früherer Art oder machten das Gewerbe für Frauen zugänglich. Jedem Einwohner wurde freigestellt, gegen einmalige Anmeldung und Zahlung der Steuern sein Gewerbe zu betreiben, so viele Werkstätten, Verkaufslokale oder Niederlagen zu halten, als es ihm beliebte.

Doch ganz ohne Zusammenschluss im Handwerk geht es bis heute nicht.

Bandagist

Mit fortschreitender medizinischer Behandlung und Versorgung entstand Ende des 18. Jahrhunderts das Handwerk der Bandagisten, die durch ihre praktischen Kenntnisse schnell großen Zuspruch bei den Leuten erfuhren und die bereitwillig bei ihnen heilende Hilfe suchten. Die sich in dieser Zeit rasant entwickelnde Medizin musste sich von Anfang an der Konkurrenz mit den handwerklichen Spezialisten stellen. Denn die wissenschaftlich gebildeten Ärzte in der Stadt mit ihren modernen Behandlungsmethoden erweckten oft Misstrauen oder gar Ablehnung, was z. B. operative Heilung von Leibes- und anderen Brüchen anging, sie wurden lange Zeit am praktischen Handwerker gemessen. Da gingen die hilfebedürftigen Leute zum Bandagisten, wo beispielsweise die Verbandsmaterialien und andere Heil- und Hilfsmittel sichtbar auslagen. Die Meister fertigten in ihren Werkstätten für die medizinische Versorgung chirurgische Verbände und Materialien, Charpie (Wundfäden) von allen Qualitäten für den Chirurgen, Binden von jeder Länge und Breite, Kompressen von jeder Größe, außerdem Bänder, Schnüre (Korsetts), Mieder, Schienen, Polster, Polsterkissen, Apparate aller Art von Gummiharz; auch kleinere chirurgische Instrumente, die in Etuis u. Bindetaschen auf Reisen bei plötzlichen Unglücksfällen von großem Nutzen waren.

Bandagisten galten als gebildete Leute, sie verfügten über allgemeine medizinische Grundkenntnisse und waren in der Gesundheitspflege bewandert. Ihr Wissen hatten sie nicht nur in der Werkstatt erworben, sondern vor allem im praktischen Umgang mit den Hilfebedürftigen. Dazu kamen stets neue technische Kenntnisse, die notwendig waren, um ein nutzbares Bruchband zu verbessern. Als guter Mechaniker beherrschte der Meister die Schlosser- und Schmiedekunst, auch mit der Sattlerei und Feinmechanik war er vertraut.

Hauptsächlich verhalfen die Bandagisten mit ihrer Arbeit Menschen, die an jede Art von Unterleibsbrüchen litten und zur helfenden Stützung mit Bruchbandagen versorgt werden mussten. Da direkte, operative Methoden zur Schließung der Bruchpforten in der Chirurgie noch nicht ausreichend entwickelt waren, blieb die Anlegung eines starken Verbandes zur Zurückhaltung des Bruchs die einzige anerkannte Hilfe war. Im 19. Jahrhundert wurden zwei Arten von Bruchbändern gefertigt, einmal das starre Bruchband und zum anderen das federnde. Das unbewegliche Bruchband war ein auf Maß zugerichteter Lederriemen, der um den Leib gebunden wurde mit aufsitzender Pelotte (Druckplatte). Allerdings war diese Bandage auf die Dauer schwer zu ertragen, da die Bewegungsmöglichkeit stark eingeschränkt wurde. Das „elastische" Bruchband dagegen bestand aus einer, wie ein Reif um den Körper führenden, mit Leder, Gummi oder Stoff überzogenen, gut gehärteten Stahlfeder. Besondere Schwierigkeiten machte die Bestimmung der Federstärke, da sie für jeden von diesem Leiden betroffenen Menschen speziell ausgemessen und angefertigt werden musste. Geduld und praktische Erfahrung, meist durch wiederholtes Probieren am Körper, brachten ein befriedigendes Ergebnis, so dass die optimale Federkraft für eine ausreichende Bewegung ermittelt wurde. Und zum Schluss einer Anpassung wurde noch abgeklärt, ob das Bruchband auch in jeder körperlichen Haltung die Erwartung erfüllte: in aufrechter und sitzender Stellung, beim Gähnen, Lachen, Husten, Bücken, Treppensteigen. Diese aufwendige Prozedur wurde nach 1850 einfacher, denn die Erfindung von neuen Materialien aus elastischem Gummigewebe, damit ohne Beifügung von Stahl, erleichterte die körperliche Anpassung.

Die Bandagisten waren wichtige Handwerker, so zählten im 19. Jahrhundert verschiedene Unterleibsbrüche, wie Leistenbrüche oder Bauchwandbrüche, zu häufig auftretenden Krankheiten und Leiden. Ursachen dafür gab es verschiedene, die oft in den Lebensbedingungen der Menschen lagen, einerseits durch schwere körperliche Arbeit und andererseits durch mangelnde Bewegung (sportliche Aktivitäten). Die allgemein einseitige Ernährung in den Familien und besonders viele Schwangerschaften bei Frauen taten ihr Übriges für die Häufigkeit dieses Leidens. Von erblich vorbelasteten und altersbedingten Gewebeschwächungen und von Unfällen einmal abgesehen. Die wohlhabende Schicht der Bevölkerung blieb von der Krankheit mehr verschont als die ärmere, arbeitende Klasse. Bei Handwerkern in stehender Arbeit trat sie dreimal häufiger auf, als bei Handwerkern mit sitzender Tätigkeit, außer bei den Schustern, die ihren Bauch bei der Arbeit stark zusammenpressten.

Es gab nach 1800 neben der medizinischen Fachliteratur zu Unterleibsbrüchen für die Ärzte allerhand gedruckte Belehrungen und medizinisch-aufklärerischen Schriften für die Bevölkerung, um dieser beunruhigen Entwicklung entgegen zu wirken. Tatsache ist, dass sich bei diesen Gesundheitsfragen nicht selten Bandagisten mit Hilfs-Schriften beteiligten und für Aufklärung sorgten. Hervorgehoben sei nur Gottfried Wilhelm Beckers: „Das wahre Noth- und Hülfsbüchlein für Bruchkranke aller Art“ aus dem Jahre 1807.

Die Krankheit bot dem Handwerk der Bandagisten ein breites und anerkanntes Betätigungsfeld, dagegen hatte es das ausgebildete Medizinal-Personal, insbesondere die nach 1780 auftretenden Orthopäden, hier schwer Fuß zu fassen. Der Bandagist bot dem Hilfsbedürftigen sachkundig, alles, was dringend und schnell gebraucht wurde, er war ein selbstständiger Handwerker und stand in den Augen des Patienten lange Zeit über dem Ansehen der Orthopäden.

So gründeten Bandagisten in der ersten Hälfte des 19. Jahrhunderts orthopädische Anstalten bzw. Institute, und in Zusammenarbeit mit chirurgischen Instrumentenmachern, konnten sie ein breites Spektrum medizinischer Leistungen abdecken. Über die Anfertigung von Bruchbandagen hinaus, boten sie bald auch nach Maß gefertigte künstliche Gliedmaßen, Augen, Gelenke an, was insbesondere bei der Behandlung Verkrüpplungen, Verkrümmungen, Versteifungen usw. notwendig war. Bandagisten arbeiteten mit zunehmendem Fortschritt medizintechnisch auf einem hohen Niveau. Auf der allgemeinen deutschen Industrieausstellung zu München 1854 erhielt der Bandagist Luppold aus Stettin eine lobende Erwähnung für seine Exponate. 1863 arbeiteten in der Provinz Pommern 14 Bandagisten und medizinische Instrumentenmacher mit 11 Gehilfen und Lehrlingen. Der Erfolg gab den Handwerkern durchaus Recht, obwohl sie in der preußischen Medizinalverordnung erst spät Aufnahme fanden.

Ebenso versuchten die gelernten Mediziner ihre Kompetenz mit der Bildung von orthopädischen Instituten sowie mit Anstalten für Heilgymnastik aufzubessern. Der aus Rostock stammende Dr. med. Johann Julius Bühring, Neffe des bekannten Hochschulchirurgen Dieffenbach, gründete 1850 mit Weichenthal in Berlin ein orthopädisches Institut mit Maschinentherapie (hauptsächlich mit Streckbetten), Tenetomie und Gymnastik. Später, um 1900 entstand in Rostock das (universitäre) Institut für Heilgymnastik der Ordinarien der Chirurgie Garré und Wilhelm Müller, dem eine heilgymnastische Privat-Anstalt mit dem Institut für Lichttherapie von Dr. Burchard folgte. Bis zum 1. Weltkrieg aber hatten sich die ärztlichen Dienstleister durchgesetzt.

Bechermacher

Die Bechermacher sind ein altes Handwerk mit langen Traditionen, die doch in Vergessenheit geraten sind. Aber in der Hansestadt Stralsund erinnert heute noch die Bechermacherstraße an dieses Gewerk. Die Straße wurde 1396 erstmals urkundlich erwähnt. Ursprünglich verfertigten diese Handwerker hölzerne Trinkgefäße, zumeist Becher, mitunter auch kleine Kannen oder Kübel. Hauptsächlich wurden in Norddeutschland die Becher mit den Arbeitstechniken der Böttcher, also mit gebogenen Dauben, Boden, Reifen und Verpichung (Abdichtung mit Pech) hergestellt. Selten wurden Becher aus einem Stück Holz gearbeitet z. B. durch Ausbohren und durch Schnitztechniken als ausgesprochene Drechslerarbeit. Die Bechermacher standen als Berufszweig von Anbeginn ihres Handwerks selbstständig neben den verwandten Gewerken der Böttcher und Drechsler, wobei Letztere sich streng unterschieden nach ihren Arbeitsmaterialien in Metall-, Knochen-, Horn-, Elfenbein- und Bernsteindrechsler.

Nach alten Stralsunder Urkunden sind Bechermacher ab Mitte des 13. Jahrhunderts nachweisbar, gleichfalls sind in den ältesten Rostocker Stadtbücher von 1263 bis 1288 schon 12 Becherer unter den Bezeichnungen bekerarius, craterarius und craterifex verzeichnet. Die älteste erhaltene norddeutsche Amtsrolle der Bechermacher stammt aus dem Jahr 1469 aus Wismar.

Die Bechermacher besaßen für ihre Arbeit günstige materielle Voraussetzungen. Die Becher fertigten aus dem Naturstoff Holz, der in heimischen Wäldern leicht zu erwerben war. Gegenüber Bechern aus Keramik, Zinn, Silber, Gold und Glas konnten Holzbecher daher preislich günstig angeboten werden und deshalb wurden sie im Mittelalter fester Bestandteil der Trinkkultur in breiten Bevölkerungskreisen. Ob zum Wasser- oder Teetrinken, zur Verabreichung von Medizin, zum Maßnehmen; der Holz-Becher war vielseitig verwendbar, selbst zum Glücksspiel mit den Würfeln unentbehrlich. Insbesondere benutzte der einfache Landmann den Becher auch zum Trinken von Wein, während Bier aus dem Krug, Humpen, Seidel aus Ton oder Metall oder noch später aus einem Glas getrunken wurde. Selbstredend machten die fürstlichen Herrschaften und der hohe Adel Pommerns davon die strikte Ausnahme. Am Hofe zu Wolgast oder Stettin benutzten die Damen und

Herren immer die edelsten Becher und Pokale, die aus Silber, Gold und geschliffenem Glas kunstvoll gefertigt waren.

Bis Ende 17. Jahrhundert waren aber hölzerne Becher in der Trinkkultur der einfachen Familien unabkömmlich, so dass sie wohl in keinem Haushalt fehlten. Durch den anhaltenden Bedarf konnte der spezielle Beruf des Bechermachers über Jahrhunderte bestehen. Eine Besonderheit ab 15. Jahrhundert bildeten die sogenannten Doppelbecher. Das waren Becher, die aus zwei gegengleichen Stücken gefertigt wurden, die an den Lippenrändern zusammengedreht ein kleines Fass ergaben.

Auch in der kirchlichen Zeremonie wurde zeitweise und ganz bewusst der Holzbecher benutzt. Die auf Calvin und Zwingli zurückgehende reformierte Kirche ersetzte den edlen silbernen Abendmahlsbecher durch einen schlichten Becher aus Holz. Entsprechend dieser religiösen Ideale zu Gott sollten auch die Abendmahlsgeräte schlicht und einfach gehalten werden. Aller irdische Prunk und weltliche Pracht sollte auf diese Weise aus dem Gotteshaus verbannt werden. Das konnte jedoch nicht lange durchgehalten werden.

So schlicht wiederum war der Holzbecher auch nicht, seine Symbolkraft war sehr hoch, denn er wurde in Pommern als besonderes Geschenk zu Hochzeiten, Geburtstagen und Jubiläen gereicht. Dafür wurden als Einzelteile sehr schöne Schmuckstücke verfertigt, sie waren besonders zierlich, filigran bemalt und in glänzendem Silber oder Gold eingefasst. Und doch blieb so ein Becher in seinem Grundmaterial ein Holzbecher, aber er war solcher Art in Auftrag gegeben, ein Meisterstück.

Zu den Ratswahlen in den Hansestädten spielte der Becher noch weit ins 17. Jahrhundert hinein eine besondere Rolle. Weil Bürgermeister und Ratsherren in diesen Zeiten noch auf Lebenszeit gewählt wurden, glich die Wahl eines neuen Ratsherren einem städtischen Ereignis. Denn Neuwahlen gab es nur, wenn Ratsherren-Stellen wegen Todesfall, Altersschwäche, schwerer Krankheit usw. neu zu besetzen waren. Mit der feierlichen Verkündigung des Namens des neuen Ratsherrn wurde gleichzeitig vom Rathaus den Bürgern die Bursprake (Stadtordnung) verlesen. Nach den ernsten wie feierlichen Worten des Bürgermeisters warfen die anderen Ratsherren 50-70 hölzerne Becher aus der 2. Rathausetage in die versammelte Menschenmenge. Die Becher aus Tannenholz hatten eine besondere Form, sie waren oben weit und unten schmal gefertigt, mit kleinen Reifen belegt, inwendig verharzt und auswendig mit der betreffenden Jahreszahl bemalt.

Trotz allgemein guter Auftragslage für die Bechermacher hatten sich die Meister auch einer fremden Konkurrenz zu erwehren. Seit dem Ende des 16. Jahrhunderts mussten sich die diese Handwerker der See- und Hansestädte dem Wettbewerb finnischer Waren stellen. Schifffahrt und Handel brachten Becher aus den Nordländern mit und die Finnen hatten das Recht erhalten, ihre Waren einige Tage lang öffentlich verkaufen zu dürfen. An Zwischenhändlern war ihnen der Verkauf untersagt, was jedoch den Ärger der heimischen Kaufleute nach sich zog.

Ab Mitte des 18. Jahrhunderts geriet das Bechermacherhandwerk ins Hintertreffen, was die kulturellen Wandlungen der Zeit veranlasste. Hölzerne Becher kamen aus der Mode, die wohlhabenden Leute setzten auf edle Trinkgefäße aus Metall, Porzellan und hochwertigen Gläsern und für die allgemeine Bürgerschaft gewannen heimische Produkte der Glashütten sowie Tonkeramik zunehmend an Bedeutung. Holzbecher erfüllten dann ab 19. Jahrhundert hauptsächlich Repräsentationszwecke. Historisch wurden aus den ehemaligen Bechermachern die Kleinbinder, welche sich auf die Verfertigung von kleineren Fässern und Fässchen sowie auf Kannen aus Holz spezialisierten.

Holzbecher als Gebrauchsgegenstände gibt es heute auch wieder auf traditionellen Handwerkermärkten, sie werden als Drechslerarbeiter angeboten. Im modernen Haushalt aber ist der Holzbecher nicht wieder zurückgekehrt. Aber man soll ja niemals nie sagen!

Beutler

In den Städten Pommerns gab es schon frühzeitig eine Reihe von spezialisierten Berufen, die besondere Lederwaren herstellten. Dazu gehörten die Beutler bzw. die Belter (auch beltere, biltere). Die Bezeichnung stammt aus Schweden, wo Belter häufig anzutreffen waren, ebenso im Baltikum, ansonsten wurde die Bezeichnung Belter im deutschen Raum nicht weiter geführt. Im süddeutschen Raum war früh auch eine größere Beutelform in Mode, die Säckel, nach denen man auch die Handwerker dort Säckler nannte.

Die Beutler lieferten aus Leder allerlei große und kleinere und gar feine praktische Teile wie: Beutel, Säcke, Handschuhe in allen Größen und gewünschten Ausführungen. Die Männer benutzten alltäglich robuste lederne Geld- oder Tabakbeutel, Degengehänge, Beinkleider und die Frauen dagegen feine Puder- und Schmuckbeutel usw., die besonders schön ausgeführt wurden.

Als Schutzpatron des Beutlerhandwerks galt Bischof Otto von Bamberg (1069-1139), Apostel der Pommern, er trug stets einen Beutel am Gürtel, als Zeichen seiner Mildtätigkeit, um an arme Leute und Kranke seine Spenden verteilen zu können.

In Lübeck waren die Beutler ursprünglich mit den Riemenschneidern und in Hamburg mit den Zaumschlägern, Gürtlern, Sattlern und Taschenmachern vereinigt. Die Greifswalder Beutler besaßen in den früheren Jahrhunderten keine eigene Amtsrolle und richteten sich in wichtigen Punkten nach der Arbeit der Lübecker. Anfang des 18. Jahrhunderts schlossen sich die Greifswalder Beutler mit den Weißgerbern zu einem gemeinsamen Amt zusammen. Nach der Greifswalder Beutler- bzw. Weißgerberrolle vom 16. Juni 1750 gab es vor Beginn der Lehre eine vierwöchige Probezeit, die Einschreibung kostete 1 Reichstaler und 12 Schillinge, die Lehre dauerte 4 Jahre und für die Ausschreibung verlangte das Amt 3 Reichstaler und 12 Schillinge (3 Reichstaler in die Amtslade und in die Gesellenbüchse sowie 12 Schillinge für den Notar). Für den Lehrbrief waren 2 Reichstaler zu zahlen.

Die in der Zunft organisierten Beutler führten ein „geschenktes Handwerk", d. h. wandernde Gesellen ihres Gewerks wurden von den Meistern einer fremden Stadt bereitwillig und kostenfrei im Haus aufgenommen und mit Arbeit versorgt. Allerdings durften sie bei einem Greifswalder Meister nur 14 Tage lang arbeiten, mussten dann ihren Abschied nehmen und Greifswald verlassen. Die Arbeit begann für alle morgens um 5 Uhr und endete abends um 10 Uhr.

Das Amt des Altgesellen bzw. Schaffners ging alle viertel Jahre innerhalb des Amts reih um. Ein Geselle der Meister werden wollte, sollte mindestens 2 Jahre gewandert sein, er musste dann mindestens 3 Monate bei einem Greifswalder Meister arbeiten und drei Eschungen beantragen und mit üppigen Kösten austragen. Das Meisterstück bestand aus 1 paar ledernen Handschuhen und 1 paar Strümpfen ebenso aus Leder. Zugleich musste er das Greifswalder Bürgerrecht gewinnen und zugunsten der Stadt einen ledernen Feuereimer bei der Kämmerei abliefern. Später gingen Beutler und Weißgerber aber wieder mit gesonderten Ämtern eigene Wege.

Kein Beutler wurde von seiner täglichen Handarbeit besonders wohlhabend, aber immerhin zählten diese Handwerker zu den „mittleren" Standespersonen. Im Mittelalter gab es auch Beutler, die auf ihre Art zum städtischen Gemeinwohl beitrugen. Sie fertigten speziell große Ledersäcke an und beerdigten mitunter selbst solche Personen, denen nach der herrschenden religiösen Tradition ein reguläres Grab nicht zustand. Bekanntermaßen betraf das z. B. die Selbstmörder, gelegentlich die durch Unfall zu Tode gekommenen einfachen Leute, welche die Letzte Ölung (das Sakrament der Krankensalbung) nicht mehr rechtzeitig erhalten konnten u. a. Für die zurückgelassenen Familien konnte dieser Umstand eine fürchterliche Katastrophe sein.

Ein altes Beutler-Sprichwort besagt: „So geht's in der Welt, der eine hat den Beutel, der andere das Geld".

Der lederne Beutel blieb das praktische Behältnis, um die persönliche Habe unterwegs verstauen zu können, etwa notwendige Utensilien wie Essen, Münzen, Gebetbuch, Rosenkranz, Kleidung usw. Zum Tragebeutel gab es noch die kleinere Ausgabe, die wegen ihres wertvollen Inhaltes am Körper versteckt wurde. Jeder reisende Mann, die Mönche, fahrende Schüler oder Studenten zogen so durch das Land.

Die Beutler standen mitunter in starker Konkurrenz zu den Handschuhmachern. Beispielsweise vernähten die Beutler von Stralsund auch glattlederne Handschuhe. Bedarf danach gab es zu jeder Jahreszeit, für die feinen Handschuhe im Frühling und Sommer, die wärmenden im Herbst und ganz besonders im Winter. Lederhandschuhe wurden je nach Auftrag aus Hirsch-, Reh-, Gemsen-, Kalb-, Bock-, Schaf, Ziegen-, Hunde- und Katzenleder, mitunter gefärbt, hergestellt. So feines Zeug musste für Frauenhände besonders weich zugerichtet werden. Aber wer kein Geld für Ledersachen hatte, für den mussten wollene Handschuhe oder solche aus grober Leinwand genügen. Einen meisterlichen Ruf hatten die französischen Handwerker in Deutschland, sie verstanden es vorzüglich weiche und elegante Handschuhe anzufertigen. Als Glaubensflüchtlinge kamen sie nach Deutschland und zeigten den einheimischen Meistern wie ein bequemer Lederhandschuh anzufertigen war, damit er nicht nur praktisch sondern ebenso eine schöne Handbekleidung war.

Ein weiteres Produkt der Beutler waren tatsächlich sogenannte Bruchbänder, die zu medizinischen Zwecken verwandt wurden. Um beispielsweise den Leistenbruch zurückzuhalten, bediente sich die Medizin anfangs eines breiten Lederbandes aus der Werkstatt der Beutler. Problematisch war die Befestigung am Körper, man benutzte dazu einen Riemen vom Riemenschneider und Schrauben, Federn, Haken und Ösen. Alle ledernen Bruchbänder wiesen bis in die Hälfte des 17. Jahrhunderts einen großen Nachteil auf, sie waren recht unelastisch. Doch waren die Bruchbänder des Beutlers noch besser als ein hartes Eisenband, das oftmals wenig Erfolg versprechend auf dem platten Land angewendet wurde, mehr zum gesundheitlichen Schaden als zum Nutzen des Betroffenen.

Als besonderer Auftraggeber für die Beutler agierte die christliche Kirche. Für die Kirche wurden Klingelbeutel angefertigt, damit die Geldspende oder die Kollekte während des Gottesdienstes zur Versorgung der Armen und Kranken der Stadt sowie zum Erhalt der Kirche eingenommen werden konnte. Wohlhabende Stadtleute spendeten bereitwillig zu solchen Anlässen in den roten Lederbeutel, die Sammlung wurde danach in der streng verschlossenen Kirchenlade aufbewahrt. Die Beutler waren nicht sehr erfreut, wenn vereinzelt Kirchen den Lederbeutel für die Spendensammlung abschafften und dafür ein marienverziertes Bedel (Tablett) verwendeten.

Die Beutler-Werkstätten erwarben bereits aufbereitetes Leder vom Gerber oder kauften Rohware direkt vom Knochenhauer ein. Tradition war es auch, dass sie zu gewissen Terminen selbst schlachten durften. Aufgrund eines Vergleichs zwischen Beutlern und Knochenhauern aus dem Jahr 1721 (4. September) konnten die Beutler zu Greifswald 14 Tage vor und 14 Tage nach Jakobi zur Fellgewinnung Ziegen, Böcke, Hammel schlachten, halbieren, vierteln und zusätzlich das Fleisch an Arme in der Stadt verkaufen.

1777 gab es in den vorpommerschen Städten (preußischen Anteils) insgesamt noch 17 Beutler und Handschuhmacher. Nach 1900 gehörte der Berufsstand der Beutler in Pommern endgültig der Vergangenheit an, ähnlich erging es den Handschuhmachern. Diese „Lederwaren" erfreuen sich inzwischen wieder großer Beliebtheit, allerdings hat sich das Material grundlegend verändert. Auf dem Weg der industriellen Produktion und mithilfe technischer Verfahren wurde das Leder nachempfunden, so entstanden Kunstleder, Lederimitate usw. Die modernen Produkte werden massenhaft hergestellt und mit modischen Veränderungen im Design aktualisiert, oftmals überdauerten sie nur eine Saison. Und tatsächlich sind sie auch zu keiner Zeit aus dem Alltag verschwunden. Man spricht heute nicht schlechthin vom Lederbeutel sondern hat dem Beutel zwei Riemen angenäht, so dass der veredelte Rucksack in allen praktischen Varianten entstand. Der lederne Beutel in Form des Rucksacks hat quasi eine Renaissance erlebt und wurde zum Erstaunen aller theatertauglich. Wer heute eine handwerklich gearbeitete Lederarbeit erwirbt, der schätzt das einmalige Produkt in der Verarbeitung und im Design.

Bleicher

Veredlung von Garnen und Stoffen aller Art

Noch im 19. Jahrhundert gehörte das Wäschebleichen grundsätzlich zum Wäschewaschen dazu, vorausgesetzt es war eine große Wiese vorhanden, denn sollte das Weißzeug wieder leuchtend weiß werden, musste die nasse Wäsche zum Trocknen auf der Wiese ausgebreitet und wieder und wieder begossen werden. In den Städten war das dann nur noch in Randlagen möglich, aber eine gute Hausvorsteherin schwur auf Wäschebleiche durch die Sonne. Allerdings hat dieses Wäschebleichen nur noch ganz entfernt mit dem Arbeitsprozess des Bleichers zu tun, der tatsächlich an der letzten Stelle im Veredlungsprozess von Garnen und Tuchen aller Art stand.

In manch einer Stadt wie in Greifswald und Stralsund erinnert ein Bleicherweg, Bleicherwall, Bleicherplatz oder eine Bleicherstraße (An den Bleichen), an das sehr alte Handwerk. Bevor es die schnelle chemische Bleiche (Chlorbleiche erfunden durch Scheele) von Garn und Stoffen gab, war das Handwerk des Bleichers ein gefragter Beruf. Baum- oder Schafswolle ließ sich relativ schnell bleichen mit Leinen war es nicht so einfach. Nur ein Bleicher konnte gesponnenes Leinengarn oder fein gewebte Leinwand frei von jeglichen natürlichen Farbunterschieden so bearbeiten, dass es am Stück weiß wurde. Schließlich sollte das Linnen silberweiß sein, es sollte nicht ins gelbliche und nicht ins rötliche scheinen. Der durchgehend saubere Farbton war ein wichtiges Qualitätskriterium der „tuchenen" Waren, denn die Käufer verlangten weiße Blusen, Hemden und Unterwäsche, Betttücher, Handtüchern oder Tischtücher, eben Weißzeug. Kein Kunde wollte Festtagskleidung oder Tischtücher mit Grauschimmer, Farbflecken, Schattierungen usw. hinnehmen. Der Bleicher war auch schlichtweg der Weißmacher. Natürlich wurde in Pommern auch traditionelle farbliche Kleidung getragen, das wiederum war die Arbeit des Färbers.

Die Länder Holland und England verfügten über hervorragende Bleichen und Bleicherfahrungen, in Deutschland führten noch Anfang 19. Jahrhundert Schlesien und Westfalen den Ruf der besten Bleichen, aber Pommern stand auch nicht hinten an. Wenige Bürger konnten sich das Bleichen zu Hause leisten, man brauchte schon einen größeren Grundbesitz dafür. Auch die gewerblichen Garnspinner und Weber ließen gegen Bezahlung in der städtischen Bleiche ihre gewebten Tuche hellen und weißen. Eine Bleiche war schon als ein größerer Betrieb anzusehen. Im Spätmittelalter waren die Bleicher vereidigte Bedienstete des Rats in den Städten. Späterhin verpachtete der Rat den Betrieb an einen erfahrenen Bleicher mit unternehmerischen Fähigkeiten auf Zeit, der ihn auf eigene Rechnung führte und für die Arbeiten mehrere fachkundige Handwerksleute, Bleicherknechte und Mägde einstellte.

Zum Inventar der Bleiche gehörten einige feste Gebäude mit Ofen und Schornstein, einige Kessel, Wannen, Schuber und Bottiche aus Kupfer oder Holz, Pottasche- und Brennvorräte. Aber wohl am allerwichtigsten war ein großer freier Wiesenplatz zum Bleichen.

Damit die Bleicher zügig arbeiten konnten, musste nicht nur ausreichendes, sondern auch wirklich gutes Brennmaterial und Holzasche auf Vorrat besorgt werden. Die Beschaffung war wiederum eine Erfahrungssache. Die preisgünstigste und qualitätsvolle Holzasche zum Beuchen (Laugen) wurde in Frankreich, Danzig, Russland oder in Mecklenburg von den heimischen Äscherern gekauft. Die besten Bleicheigenschaften erbrachte Asche aus festem Eichenholz aus russischen Wäldern, sie kam über den Seeweg, per Schifftransport, nach Stettin oder Stralsund.

In Pommern wurden zu allen Zeiten aus Flachs- oder Hanffasern Leinengarn- und vom Schaf die Wolle gesponnen. Die Garnspinner übergaben ihr Arbeitswerk dem Bleicher, damit es auf diese Weise veredelt wurde und beim Garnhändler oder Weber einen höheren Preis erzielen konnte.

Der Arbeitsprozess war körperlich anstrengend und vor allem zeitaufwendig. Erst wurden die Garne geblichen und danach kamen die gewebten Zeuge (Wollstoffe, Leinwand bzw. Linnen) an die Reihe. Feinstes Linnen war bereits als Garn gesäubert und geweißt worden, sodass die Endbleiche noch eine Qualitätssteigerung bedeutete und einen hohen Preis im Handel erzielte.

Für die Garnbleiche wickelte der Bleicharbeiter zunächst den Garnstrang auf, legte ihn in einen Bottich, goss Wasser darauf und ließ das Ganze etwa 9 Stunden weichen, danach wurde das Wasser abgelassen und der Vorgang mit frischem Wasser solange wiederholt, bis das Garn von allen Unreinheiten befreit war. Der zweite Arbeitsschritt hieß Beuchen, das Garn kam in den Laugenbottich, der im rechten Verhältnis aus Pottasche und Wasser angesetzt wurde. Zuerst in eine kalte und danach wiederholt in eine warme, heiße bis kochende Lauge. Das Herstellen der Beuche erforderte Erfahrung und gutes Augenmaß. Das Arbeitsziel war erreicht wenn das Leinengarn gelb bis weiß aussah. Danach wurde das Garn seitenweise auf der Wiese über 4 Tage hinweg der Sonne und Luft ausgesetzt, aber zwischendurch immer wieder mit Wasser übergossen.

Brachte der Weber seine gefertigte Leinwand zum Bleicher, dauerte das Bleichen sehr viel länger. Das Linnen wurde mehrmals im kalten und heißen Wasser gewaschen, um die „Schlichte“ aus Mehlkleister, der vor dem Weben zur Schlichtung des Kettgarns verwendet wurde, zu entfernen. Danach wurden die Stoffe über 48 Stunden lang in einem Bottich von Aschenlauge, seit 18. Jahrhundert in Buttermilch und saurer Milch „gebeucht“. Das Gefäß wurde bis zum Rand gefüllt, dann legte man mit Steinen beschwerte Bretter darauf und ließ die Milch über mindestens 48 Stunden gären, besser noch über drei Tage und drei Nächte hinweg. Dann wurden die Leinenstoffe herausgenommen, in einem Kessel mit Seifenlauge mehrmals gründlich gespült, zum Schluss wieder in die gegärte Milch getaucht und in diesem Zustand kam die Ware auf die Bleichwiese.

Die Wiese musste schon gehörig groß sein. In Spitzenzeiten sollte sie Platz bieten für mindestens 200 große Leinentücher von etwa von 4 qm, außerdem Bewegungsfreiheit zum Gießen zwischen den Tüchern bieten. Jede Leinwand wurde auf der Grasfläche ausgebreitet, mit Pflöcken und Seilen ausgespannt und so der Luft und Sonne ausgesetzt. Mindestens dreimal am Tag wurden die Stoffe gewendet und wieder tüchtig gewässert, wobei das benutzte Wasser für den Bleicherfolg auch eine Rolle spielte durch Reinheit oder die jeweilige Wasserhärte. Für tägliches Gießen und Wenden brauchte man viele Hände und kräftige Hände. Die Bleiche konnte je nach Witterung 6 bis 8 Wochen dauern, selbstredend war der Sommer die beste Bleichzeit.

Doch auch die Bleicher waren nicht frei von handwerklichem Aberglauben. In der Johannisnacht, den 25. Juni, da nahmen die Bleicher alle Leinwand von der Bleich-Wiese. Der Volksmund überlieferte, dass in dieser Nacht der große Krebs umhergehe und mit seinen Scheren großes Unheil an den Bleichstoffen anrichten würde.

Böttcher

Die Berufsbezeichnung Böttcher war sprachlich eine niederdeutsche Variante, ehe sie Ende des 19. Jahrhunderts durch offizielle Nennung in der deutschen Reichsstatistik verbindlich wurde. Regional verschieden kamen auch die Namen Boddegger, Bottichmacher, Büttner, Schwarzbinder, Weißbinder, Kleinbinder und im Süden Deutschlands Schäffler, Einleger, Küfer vor.

Das Böttcherhandwerk nahm im mittelalterlichen Handel eine besondere Stellung ein, sowohl innerhalb als auch außerhalb der Grenzen der pommerschen Städte. Dieses Gewerbe schaffte sich unter hanseatischem Einfluss schon sehr früh eine eigene Zunftverfassung. Die Böttcher von Stralsund und Greifswald erhielten 1321 die erste Amtsrolle, deren Statuten auch für die Berufskollegen in Hamburg, Lübeck und Rostock galten. 1499 verfasste der Rat zu Greifswald neue Innungsartikel für seine Meister und Gesellen.

Kein Warenverkehr ging in dieser Zeit ohne feste Behältnisse vonstatten und diese Tonnen und Fässer waren bis über die Neuzeit hinaus, die geläufigen und universell einsetzbaren „Container“. Der Aufschwung dieses Handwerks war daher eng verbunden mit den regionalen wirtschaftlichen Bedingungen. In den norddeutschen Hansestädten Anklam, Greifswald und Stralsund förderten insbesondere der Heringsfang auf der Insel Schonen und der Salzhandel sowie die Bierherstellung die Nachfrage für Böttcherwaren und somit das heimische Gewerbe. Fisch, insbesondere Hering; Bier, Wein, Salz, aber auch Honig, Mehl, Zucker, Talg, Seife, Senf, Wachs, Asche, Teer, Getreide und Fleisch wurden in Fässern und Tonnen verpackt, eingelagert und haltbar gemacht. Vorzugsweise in Tonnen geschlagene Waren wie Stockfisch, Tran, Lachs, Ochsenfleisch aus Bergen (seelsporen), Roggen, Weizen und Gerste wurden um 1585 generell als Tonnenwaren bezeichnet. Weitere Dinge transportierte man in Fässern, was heute kaum mehr vorstellbar ist: wie Pelzwerk, Garn, Kleider und sogar Bücher oder Reis, Flachs, Nüsse; im Prinzip alle Produkte, die entweder flüssig waren bzw. in Salzlake oder Essig eingelegt wurden oder vor Feuchtigkeit geschützt werden mussten und in der Weise auf einen geordneten Transport sollten.

Wo mehrere Böttcher an einem Standort arbeiteten, wurden bald Straßen nach ihnen benannt, in Wismar nach 1260, in Rostock 1267 und in Stralsund 1308.

Die deutsche hanseatische Wirtschaftspolitik versuchte die einheimische Böttcherei stets gegen ausländische Konkurrenz zu schützen. 1342 beschloss der Hansebund gegen die dänische Konkurrenz, dass in Skanör, dem Hauptplatz für den Fischfang auf Schonen, nur Böttcherwaren aus hansischen Städten zu erlauben und dass ausschließlich hansische Bürger auf der Insel Schonen das Gewerbe ausüben durften.

Das Böttchergewerbe der Städte stellte sich vielseitig dar und entwickelte einige Spezialisierungen, die aber nie außerhalb der Böttcherei zu eigenständigen Berufen mit Meistertiteln führten. Nach besonderen Tätigkeiten gab es die Kimmer, Bandschneider (bentsider), Bandhauer (tosleger) und Altböttcher. Kimmwerk zeigte in der Ausführung als eine einfachere und preiswerte Fassarbeit, was insbesondere die Befestigung der Dauben am Boden betraf, während die bessere Fassarbeit nach vorheriger Ausmessung und Zeichnung recht kunstvoll erfolgen konnte. Und einige Fässer hatten es in sich, so dass beispielsweise die größten Weinfässer für den Stettiner Schlosskeller vor Ort im Keller angefertigt werden mussten, weil die Riesen durch keine Türöffnung hindurchpassten. Überhaupt wurde von den Böttchern genaueste Arbeit verlangt, umso mehr, als der finanzielle Schaden, der durch Auslaufen von gefüllten Fässern entstehen konnte, den Meister empfindlich traf. Fest gefügte, starke und untadelhafte Bierfässer aus bestem Holz mit mindestens 12 Bändern verlangten Brauereiordnungen. Wenn ein altes Fass dennoch leckte, durften die Altflicker oder Altbinder kleinere Fässer umarbeiten, sie flicken oder reparieren.

Vorschriften über das zu verwendende Holz existierten zur Genüge. Für Bier, Wein und Hering wurde gelagertes Eichenholz gefordert, da Nadelhölzer den Geschmack von Bier und Wein schlecht beeinflussten. Amtsrollen verboten Wrackholz (von untergegangenen oder gestrandeten Schiffen) oder alte Hölzer zusammen mit neuem Holz oder gar holzwurmstichiges Holz zu verwenden. Damit die Bürgerschaft mit den Waren stets zufrieden sein konnte, waren die Aufsicht und die Prüfung der Erzeugnisse einem Altermann des Gewerks übertragen worden. Um 1560 kontrollierte der beauftragte Meister alle vierzehn Tage die Werkstätten seiner Amtsgenossen, nach 1610 wöchentlich. Damit jedes Fass auch späterhin der richtigen Werkstatt zugeordnet werden konnte, waren die Meister verpflichtet, die Tonne mit einem Setznagel zu zeichnen und später die Meistermarke einzubrennen.

Nach der Greifswalder Böttcherrolle vom 22. März 1737 betrug die Lehrzeit 3 Jahre. Die Aufnahme der Lehre (Einschreibung) kostete dem Vater des Lehrjungen 1 Reichstaler und 16 Schillinge. Ein Geselle der Meister werden wollten, musste mindestens 2 Jahre gewandert sein, er musste dann anderthalb Jahre bei einem Greifswalder Meister arbeiten und drei Eschungen beantragen und mit üppigen Kösten austragen. Nach bestandener Meisterprüfung erhielt jeder neue Meister seinen Setznagel (Markenzeichen), um seine eigenen Arbeiten zu zeichnen.

Nach der hansischen Periode gingen die Böttcher aber wirtschaftlich schlechten Zeiten entgegen. Durch kolossale Überfischung blieben für 200 Jahre an vielen Küsten der Ostsee, außer an der südlichen und südöstlichen Küste Rügens, die Heringsschwärme völlig aus, womit die Nachfrage nach Böttcherware rapide sank. Erst Anfang des 19. Jahrhunderts kam der Hering wieder und insbesondere zu Massen, an die Küsten Usedoms und Wollins.

Auf der Insel Usedom, nahe beim späteren Heringsdorf, hatten um 1810 der Heringsfang und die Fischverarbeitung wieder begonnen. Eine Ueckermünder Fischerfamilie richtete eine „Herings-Pökelei“ am Strand ein und es sollten bald auf anderen Stellen Usedoms, auf Wollin und auf Rügen weitere Heringssalzereien beziehungsweise Wrakanstalten folgen, für die bald massenhaft Fässer gebraucht wurden. Diesem wirtschaftlichen Aufschwung nahm sich der preußische Staat an, regulierte und förderte die Sache für die Inseln Usedom und Wollin. Im Jahr 1830 wurde, auf beiden Inseln zusammen, aus dem Frühjahrs- und Herbstfang, Hering in 3731 Fässern gepackt und eingesalzen. Die Hauptmenge an gesalzenem Küstenhering ging nach Stettin und von dort nach Berlin. Noch heute gibt es auf Usedom (Koserow) Salzhäuser, die an diese Zeit erinnern, und die einen besonderen Teil der Kulturgeschichte an der Küste bilden.

Schon 1817 hatte Preußens Regierung das geltende Maß für die neuen Heringstonnen bestimmt. Da Böttcher aus Ueckermünde für die erste Usedomer Heringswrakerei (Packerei) die Holztonnen fertigten, dienten ihre Fässer als Muster und so hieß das Maß verbal „Ueckermünder Maß“. Als Tonnenholz kam nur Eiche infrage und dieses Schnittholz musste teilweise aus Schweden importiert werden. Im Herbst 1840 verfügten die Böttchereien aus dem Bereich des Hauptzollamtes Wolgast über einen Lagerbestand von 3695 Heringstonnen, größtenteils fertige Fässer und einige andere Tonnen, als bereits zugeschnittene Holzvorräte, mit eingerechnet. Für Wolgast's Böttchermeister Bläse, Bühlow, Schiemann, Schmidt, Warschkow und Wichert waren diese Jahre goldene Zeiten. Die Böttchermeister aus dem Bezirk des Hauptzollamts Stralsund meldeten 1095 fertige Heringstonnen, Bergen verzeichnete 626 und Barth ließ 50 Fässer angeben.

Mit dem Ende des 19. Jahrhunderts konnten viele Böttchereien wirtschaftlich nicht mehr überleben, die Anzahl der Betriebe ging stark zurück. Nur wer sich maschinell-technisch ausstatten konnte, besaß als Böttcher noch Chancen im Zeitalter der technisierten Industrie. Zugleich verringerte sich überhaupt der Bedarf an hölzernen Vorratsbehältern durch neuartige Erfindungen und andere Materialien, industriell gefertigte Zink- und Emaillewaren kamen in den Handel, öffentliche zentrale Wasserleitungen oder Wasch- und Badeanstalten ließen den Absatz von Eimern, Zubern oder Wannen rapide sinken.

Brauer

Das Bier war seit alter Zeit in Pommern ein Volksgetränk, nicht nur bei traditionellen Feiern wie Hochzeiten, Kindelbier, Ratswahlen oder Meisterkühren, das hatte vielerlei Gründe. Die Pommern stillten mit Biersuppen den Hunger und die Ärzte empfahlen Bier gegen etliche Krankheiten wie dem berüchtigten „Englischen Schweiß". Wundärzte, Bader und Chirurgen behandelten kranke Gliedmaßen mit Bierumschlägen. Vermutlich war aber der Alkoholanteil der meisten Biersorten viel geringer als heute. Und was für Menschen gut war, konnte auch für Tiere nicht schlecht wirken, so dass der Gerstensaft auch in der bäuerlichen Tierheilung genutzt wurde.

Westfälische Siedler, die in unser Gebiet kamen, hatten den Bierbrau bereits im 12. Jahrhundert eingeführt. Auch die Klostermönche beherrschten das Brauen. Zu den wichtigsten Wirtschaftseinrichtungen der Augustinermönche in Anklam, der Zisterzienser in Eldena, gehörten durchweg eigene Brauereien, selbst die Frauenklöster waren davon nicht ausgeschlossen. Im Mittelalter wurde hier „rotes Bier" gebraut aus Gerste und Roggen. Einige Brausorten, wie die Pasenelle aus Pasewalk oder andere Stadtbiere aus Anklam, Barth, Greifswald, Stettin oder Stralsund, konnten überregionale Bedeutung erlangen. Auf den Feierlichkeiten zur Kindtaufe von Herzogenprinz Philipp Julius im Jahr 1585 im Wolgaster Schloss tranken die Gäste neben eingeführten Rheinweinen auch die Biersorte „Pasenelle" aus Pasewalk. Noch zu Zeiten der Reformation und wenig später war dieses Bier ein Haupterzeugnis der Stadt Pasewalk.

Basis der Bierherstellung war bis zum Ende des 18. Jahrhunderts sauberes Wasser, Malz, Hefe und der Hopfen. In hoher Blüte stand der Hopfenanbau in Pasewalk, Anklam, Usedom, Demmin oder Ueckermünde. Für die Pasewalker Pasenelle lieferten auch die Dörfer Liepe, Jatznick und Torgelow das begehrte Würzmittel.

In allen vorpommerschen Städten steuerten besondere Landesgesetze beispielsweise unter dem Titel: „Brauer- und Mülzordnung" (Greifswald 1669) und zusätzliche Ratsverordnungen die Arbeit der Brauer. Danach bildeten die Brauer eine eigene Zunft und in größeren Städten ähnlich den Großkaufleuten und Schiffern eine Kompanie. Das Braugewerbe war hauptsächlich an den genehmigten Hausbesitz gebunden, womit die Anzahl der Brauereien in Aufsicht stand und meist über Jahrzehnte konstant blieb. Diese sogenannten Brauhäuser konnten vererbt oder verkauft werden. Greifswald hatte 1748 etwa 3000 Einwohner und ca. 66 Brauhäuser. Den Getränkeabsatz unterstützte die „Biermeile", die verordnete, dass im Umkreis von Wolgast oder Usedom nur stadteigenes Bier konsumiert werden durfte. Bei festgesetzter Strafe war es verboten, fremdes und auswärtiges Bier zu „verkrügen und verschenken." Gegen 1770 konsumierten die in Penkun lebenden 825 Einwohner zusammen jährlich circa sechzig Tonnen Bier.

Doch Bier war in diesen Zeiten noch eine leicht verderbliche Ware und die Fertigung reguliert. Allein das sogenannte Märzenbier (im März gebraut) mit anhaltender Eiskühlung, schaffte es, bis in den Sommer hinein genießbar zu sein. Die Brauhäuser in Pasewalk oder Greifswald produzierten Bier etwa an 20 Tagen im Jahr (von Mitte September bis Mai) und zwischen den Brauherren galt eine bestimmte Reihenfolge des Brauens (Umgang) untereinander auf immer und ewig abgesprochen.

Trotz der Regulierung der Produktion lebten die Brauherren seit dem 15. Jahrhundert in Wohlstand und zählten zu den angesehenen Oberschichten in den vorpommerschen Städten. Der Brauherr verstand sich mehr als ein unternehmerischer Kaufmann und die Kunst des Bierbrauens überließ er den dafür eingestellten Schopenbrauern, auch keinesfalls abwertend gemeint, seinen Brauknechten.

In Anklam gehörten die Brauer gleich den Kaufleuten und Krämern und gleich den obrigkeitlichen Personen (Bürgermeistern, Ratsherren, Predigern, Lehrern) zum 1. Stand. Die Anklamer Brauer bildeten wie die Kaufleute eine Kompanie und feierten im 17./18. Jahrhundert ihre Feste im Bursenhaus, das vordem der Schiffergesellschaft gehörte. In Stettin bildeten die Brauer den 2. Stand.

Als reich geschmückte steinerne Giebelhäuser ließen die Brauherren ihre privaten Wohngebäude erbauen und sie besaßen meist mehrere Immobilien, darunter separate Gebäude zum Darren, Mälzen und Brauen. Andererseits gelangte durch die starke finanzielle Wirtschaftskraft der Brauherren das Wohl der Stadtgemeinde zum Gedeihen. Erstmals in der Geschichte der Städte entstanden in Anklam und Wolgast um 1580 oder in Stettin zentrale Wasserleitungen, damals Wasserkünste genannt, um neben dem Trinkwasser für die Bevölkerung, vor allem den Bedarf an frischem Brauwasser zu gewährleisten.

Die erste Hälfte des 19. Jahrhunderts brachte einen Rückgang der gewerblichen Brauerei.

1816 existierten in Greifswald 3 Bierbrauer und bei jeder Brauerei waren außer dem Brauherrn selbst 3 Arbeiter beschäftigt, für jede Brauerei arbeitete eine Darre, die das Malz fertigte. Das Bier wurde hauptsächlich zum Verbrauch in der Stadt, weniger zur Konsumtion auf dem platten Lande gebraut und kostete: das schlechteste Hausbier a Tonne 24 Groschen, besserer Haustrunk a Tonne 1 Reichstaler 16 Groschen und sogenanntes Krugbier a Tonne 1 Reichstaler 40 Groschen. 1825 arbeiteten in Greifswald 9 Brauhäuser. Großer Mangel für das Greifswalder Bier war das einheimische Wasser, das nicht rein und teilweise salzig war und daher sogar von auswärts angefahren werden musste.

Von allen Provinzen des preußischen Staates brauten Pommern und Posen das wenigste Bier. Von etwa 1800 bis 1850 konnte der eigene Bedarf durch die inländischen Brauereien nicht mehr gedeckt werden, Bier musste für die Stadtbürger importiert werden. Doch mit der Gewerbefreiheit öffneten sich auch langsam die Handelsmärkte. Schwedisches Bier, Englisches Bier (Porter), Braunschweiger Mumme, Rummeldeutz (Boitzenburg), Rostocker Bier oder Bernauer Bier gab es zunehmend zu kaufen, wenn auch nicht immer und zu jeder Zeit. Auf dem Lande hingegen deckten zumindest die Brauereien auf den größeren Gütern den Bedarf der Leute ab. 1831 existierten in den Städten Pommerns 796 und 1843 386 Brauereien. Bis 1849 sank die Zahl der Betriebe auf 259 Bierbrauereien, wovon 113 auf die Stadt Stettin, 115 auf Köslin und 31 auf Stralsund mit zusammen 429 Arbeitern fielen. In einem Wolgaster Gewerbeverzeichnis von 1828 fehlen die Brauer schon und auch die Städte Usedom und Altdamm hatten 1849 keine Brauhäuser mehr.

Die zweite Hälfte des 19. Jahrhunderts brachte dann die Bier-Revolution in Gang. Die Innovation kam aus Bayern, wo erstmals die Produktion von untergärigen und damit lang haltenden Bieren gelang. Bis dahin braute man hauptsächlich obergäriges Bier mit Hefe-Gärung bei 24 Grad und nun erfolgte die Gärung bei wesentlich niedrigeren Temperaturen von 4 bis 14 Grad. Zwar dauerte die Gärung länger, etwa 8-10 Tage; sie beförderte aber weit weniger Mikroben in das Getränk. Die Erfindung des untergärigen Bieres war nicht grundsätzlich neu, denn es gab sie bereits in mittelalterlichen Klöstern. Doch Ende des 19. Jahrhunderts war man mit maschinellen Kühlapparaten im Besitz der benötigten Technik Bier lange haltbar und dazu in großen Mengen herzustellen. Aus Sparsamkeitsgründen blieb aber bei kleineren Brauereien die natürliche Eisgewinnung und -nutzung aus den heimischen Flüssen und Seen bis in das 20. Jahrhundert hinein aktuell.

In der vorpommerschen Bierlandschaft entstanden in Stralsund (Hansebrauerei 1906 sowie die Unionsbrauerei 1908), Greifswald (Hercules-Brauerei) und Stettin große industrielle Brauereien.

Brotbäcker

Inmitten der Hinwendung zu den natürlichen und anschaulichen Produktionsweisen unserer Zeit, also dem Trend zu Ökoprodukten haben auch Mehlprodukte einen Aufschwung erlebt. Alle kleinen und großen Leute lieben frisches Brot, noch warm und herrlich duftend. Auf jedem Handwerkermarkt stehen heute wieder Bäcker mit einem Backofen, indem frische Produkte vor der Nase der Kunden abgebacken und zum Verkauf angeboten werden.

Brot war das Hauptnahrungsmittel für die Menschen bis zur Einführung der Kartoffel auch in Norddeutschland. Bäcker zählten seit Stadtgründung zu den wichtigsten Nahrungsgewerben.

Von 1445 ist die Greifswalder Amtsrolle der Bäcker erhalten. Die Bäcker gehörten dort mit den Schneidern, Schustern und Schmieden zum einflussreichen Viergewerk. Auch in Pasewalk existierte die Bäckerzunft seit den Anfängen der Stadtgründung, ein Dokument ist aber erst mit dem Protokollbuch von 1585 vorhanden. Seit 1625 ist die Bäckerzunft zu Altdamm bekannt. Die älteste erhaltene Anklamer Amtsrolle stammt von 1632. Die Bäcker zählten hier gemeinsam mit den Tuchmachern, Schneidern und Schmieden zum privilegierten Viergewerk. In Ueckermünde wurde 1697 (25. Januar) eine gemeinsame Zunftrolle der Schuhmacher, Bäcker und Schlächter erlassen und am 15. Mai 1710 regierungsseitig bestätigt. 1855 wurde die Bäckeramtsrolle in Lassan erneuert.

Auch bei den Bäckern gab es eine Zusammenarbeit unter den hansischen Städten und über die Hansezeit hinaus. Eine erste Zusammenkunft der Bäcker fand am 26. August 1443 in Wismar statt. Die Bäckerämter der Städte Greifswald, Hamburg, Lübeck, Lüneburg, Rostock, Stade, Stralsund und Wismar fassten wichtige Beschlüsse über den gegenseitigen Umgang mit den Gesellen. Weitere Zusammenkünfte erfolgten nachweislich in den Jahren 1640, 1654, 1668, 1675 und 1725.

Für Bäcker waren im Spätmittelalter Backtage vorgeschrieben und die tägliche Maximalproduktion wurde auf eine bestimmte Menge festgesetzt. So durfte ein Meister nur zwei- bis dreimal in der Woche backen und nicht mehr verbacken als 2 Malter Roggenbrot, einen Malter Weißbrot und für 10 Schillinge Semmeln. Schätzungsweise waren das reichlich 200 kg Roggen- und gut gemessen 100 kg Weizenbrot pro Woche. Sicher wollte man so eine Überproduktion an Backwaren und die Verschwendung von Lebensmitteln verhindern, Getreide war sehr kostbar und die Beschaffung mitunter schwierig. Die Wolgaster Bäcker bezogen 1629 große Mengen Korn und Mehl bis aus der fruchtbaren Uckermark her, welche die Pasewalker Händler mit Schiffen über Uecker und Haff nach Wolgast transportieren ließen.

Gleichfalls trugen die Stadtverwaltungen ständig Sorge und Verantwortung für die Qualität der Backwaren, was sich insbesondere in den städtischen Polizeivorschriften niederschlug und später unter die Aufsicht der Sanitätspolizei (Hygieneamt) fiel. Den Bäckern war bei Strafe verboten altes Mehl zu verbacken, oder Mehlsorten zu vermischen; den Teig nicht ausreichend auszukneten und mit Wasser zu bestreichen, damit das Brot nachher mehr wiege; altes Brot zu verkaufen oder gar alte Ware als frisches Brot anzubieten. Bei derartigen Übertretungen wurden die Waren konfisziert und womöglich vom Rat eine Geldstrafe von 10 Schillingen ausgesprochen (was auch in den Bäckerrollen festgeschrieben stand). Auch sollte das Brot immer gut durchgebacken sein. Stellten die Ratsdiener oder Marktvögte so genanntes „wandelbares" Brot fest, verteilten sie es an die armen Leute, derer es immer genug gab. Bei dreimaligem Antreffen von mangelhaften Backwaren innerhalb eines Jahres wurde der Meister aus der Zunft ausgeschlossen, bis er wieder „Gnade vor dem Rate" fand. Derartige Strafen gingen an die Existenz der Leute und deren Familien.

Ebenso war auch der Brotpreis festgeschrieben über die so genannte Brottaxe, die vom jeweiligen Rat festgelegt wurde. Der Preis des Brotes blieb allgemein konstant, veränderte sich aber indirekt bei schwankenden Getreidepreisen; wurde das Getreide teurer, nahm das Brotgewicht ab. Bei niedrigerem Getreidepreis dagegen wog das Brot mehr, im Grunde eine Regelung für den Konsumenten.

1777 arbeiteten in Anklam 22 Bäckermeister, 1819 hatte Greifswald 22 Bäckermeister mit 26 Gesellen bzw. Lehrlingen, 1850 bzw. 1861 gab es in den Kleinstädten Jarmen und Lassan je 7 Bäckermeister, 1861 waren in Pasewalk 24 Meister mit 24 Gesellen und Lehrjungen vorhanden und in Penkun sorgten 8 Meister für die Brotnahrung gegen 1864. Die Ausbildung der Lehrjungen dauerte 2-3 Jahre. Nach der der Amtsrolle der Bäcker aus der Stadt Usedom von 1713 betrug die Lehrzeit 2 Jahre und kostete dem Vater einmalig drei Gulden und 2 Pfund Wachs für die Kirchenkerzen.

Handel und Wandel fanden die Bäcker für Brot und Brötchen hauptsächlich auf den Märkten, wo sie ihr Brot in sogenannten Scharren

(Verkaufsstände) feilboten. Aber auch die Schifffahrt sicherte ihnen zu einem guten Teil das Einkommen. Denn die Seeleute brauchten für lange Reisen ausreichend Proviant. Verträge zur Belieferung des Militärs in den Garnisonsstädten Anklam und Pasewalk wurden abgeschlossen. Ein weiterer zusätzlicher Verdienst kam durch das Lohnbacken bzw. Abbacken von Brotleiben aus privaten Haushalten ein, was erlaubt und durchaus in kleinen Mengen üblich war. Denn in den Bürgerhäusern durften wegen der Brandgefahr keine Backöfen gehalten werden. Deshalb gelangten aus den privaten Haushalten pro Woche etliche geformte Brotleibe oder volle Kuchenbleche zum Abbacken in die Bäckereien. Mitunter wurde auch der anfallende Braten bei Hochzeiten, Kindtaufen, Weihnachtsbraten oder anderen Feierlichkeiten zur Fertigstellung zum Bäcker gebracht.

Allgemein zählten die Bäcker zu den angesehenen und besser gestellten Gewerken und spielten eine wichtige Rolle in der Bürgerschaft und ihren Vertretungen. Sie besaßen vergleichsweise hohe Vermögenswerte: Backhaus mit Backofen, Gerätschaften, Getreidevorräte. Der Backofen wurde bis etwa 1900 direkt befeuert, d. h. mit Reisig, Holz, Kohlen erhitzt und auf den heißen Backsteinen konnte nach Entfernung von Glut und Asche der Teig bei entsprechender Hitze gebacken werden.

Das Herstellungsverfahren von Standardbrot hat sich über die Jahrhunderte hinweg kaum verändert. Hauptsächlich basiert ein Grundrezept auf Roggenmehl unter Zusatz von Sauerteig als Treibmittel. Der Sauerteig wurde aus Mehl, Wasser und Hefe angesetzt, vergoren und „weitergezüchtet“. Diese Art und Weise wurde auch von den Leuten auf dem Land gepflegt bis ins 20. Jahrhundert hinein. Ein anderes Grundrezept basiert auf: Weizenmehl, Hefe, Milch und Fett, damit lassen sich Weißbrot und unter Zusatz von Eiern, Gewürzen usw. Weiß- und Feingebäcke aller Sorten: Wecken, Brezeln, Krapfen, Semmelbrot, zurückführen.

Buchbinder

Die Verarbeitung von Druckerzeugnissen erfolgt heute ganz modern in industriellen Buchbindereien, womit Angebot und Nachfrage schnell und kostengünstig hergestellt werden. Die alte Hand-Buchbinderei dagegen, als manuelle und einzigartige Fertigung eines Manuskripts, ist ein kostenintensives Geschäft. Sie ist inzwischen vorwiegend in der Restauration für Museen, Bibliotheken und Archive angesiedelt und daher ein seltenes Handwerk geworden, aber im Grunde finden sich hier die historischen Wurzeln wieder.

In den mittelalterlichen Klöstern Vorpommerns, in Anklam, Barth, Jasenitz oder Pudagla auf Usedom, gab es die ersten Buchbinder. Mönche schrieben oder malten alte biblische und philosophische Texte ab, um sie zu bewahren. Dann hefteten sie die einzelnen Blätter kunstvoll zu einem Buch zusammen, das geschah anfangs sorgfältig per Hand mit Faden oder Lederband. Mittelalterliche Bücher waren überwiegend großformatig gestaltet, mit schweren Holzdeckeln geschützt, mit Bändern, Scharnieren und mitunter auch mit Schlössern sicher versehen.

Frühe weltliche Buchbindereien Vorpommerns etablierten sich in Greifswald. Durch die Universitätsgründung (1456) begünstigt, zogen die Buchbinder hier in die Stadt ein. Buchbinder schrieben sich genauso wie die Studenten in die Universitätsmatrikel ein, um Mitglied der Universität zu werden und die Privilegien der Hohen Schule zu genießen und ihre handwerklichen Dienste anzubieten. In dieser Universitäts-, Handels- und Behördenstadt konnte sich frühzeitig eine Auftragslage für einzelne Verlage, Buchdruckereien und Buchbindereien entwickeln. Denn der Umgang mit dem geschriebenen und gedruckten Wort wurde durch regelmäßige Vorlesungen, Manuskripte und Verordnungen gefördert. Alles, was per Hand geschrieben wurde, konnte auf Papierbogen gedruckt werden und je nach persönlichem oder amtlichem Bedarf verwendet werden. In dieser Weise entwickelte sich die Buchbinderei als handwerkliches und zugleich künstlerisches Gewerbe.

Auch in der Stadt Pasewalk sind in der Zeit der Wiegendrucke (zwischen 1454 und 1500) schon Bücher gebunden worden. Vermutlich handelte es sich dabei um einen Auftrag der Augustiner-Chorherren zu Jasenitz.

Mit dem bahnbrechenden Einzug des Buchdrucks durch Gutenberg wurden Bücher erstmalig massenhaft gedruckt, was für die Buchbindung eine große Herausforderung wurde. Anderseits verhalf dieser Prozess den Buchbindern in vielen Städten zu seinem bürgerlichen Beruf. In Penkun, Ueckermünde, Usedom oder Wolgast kam es aber wegen Mangels an Buchverlagen nur zu kleinen Werkstätten. Diese Werkstätten erhielten staatliche Aufträge beispielsweise für Amtsbücher und Ratsverordnungen jeder Art. In den kleinen Städten betrieben die Buchbinder nebenher einen Kleinhandel, um den Lebensunterhalt für die Familie zu sichern. Sie verkauften Schreibutensilien wie Tinte, Federn, verschiedene Papierbögen und gelegentlich auch Bücher auf Bestellung. Der Handel mit Büchern führte aber zu heftigen Auseinandersetzungen mit den hiesigen Buchhändlern, denn ein jedes Gewerbe pochte auf seine traditionellen Privilegien.

Das Buchbindergewerbe zählte in der Zunftzeit zu den geschenkten Handwerken. Das Geschenk bestand in 4 bis 6 Groschen für den wandernden Gesellen, zusätzlich erhielt der fremde Geselle auch eine kostenfreie Unterkunft. Der Lehrjunge wiederum hatte spezielle Fähigkeiten zu erfüllen, er sollte fließend lesen, akkurat und schön schreiben können. Für seine Bewerbung war es vorteilhaft, wenn er eine gewisse Kunstfertigkeit besaß. Dazu gehörten unbedingt zeichnerische Fähigkeiten, auch war es nützlich mit Kenntnissen in Fremdsprachen wie Latein und Französisch bewandert zu sein. Das Zeichnen half genau und akkurat zu arbeiten sowie ein richtiges Augenmaß zu entwickeln, das für den Buchbinder unbedingt erforderlich war. Künstlerisches Talent war zur Gestaltung des Deckels im Umgang mit Holz, Leder, Samt, Seide und bei Verzierungstechniken mit Gold und Silber nötig. Ehe ein Lehrbursche eingeschrieben wurde, musste er seinen Geburtsbrief vorzeigen, der dann im Original plus Kopie in der Meisterlade hinterlegt wurde. Die Lehrzeit gründete sich häufig auf einen Vergleich zwischen dem Meister und dem Vater. Bisweilen konnte die Lehrzeit auf 4 bis 7 Jahren festgesetzt sein.

Als Meisterstück fertigten die Buchbinder in der Regel vier Probearbeiten, darunter meist eine großformatige Bibel in Kalbsleder gebunden. Das benutzte Leder sollte der angehende Meister für seine Arbeit vorher selbst rot einfärben. Rücken und Deckel der Bibel sollte er mit „zusammengesetzten Stempeln und Fileten vergolden und mit Klausuren beschlagen“.

Am Ende des 19. und zu Anfang des 20. Jahrhunderts erreichten neue Techniken und Werkstoffe das Handwerk. Zur alten Fadenbindung kam die Drahtheftung hinzu. Der traditionelle Kaltleim aus Knochen erhielt Konkurrenz durch den chemisch erzeugten Leim. Durch das sogenannte Lumbeck-Verfahren (1936) kam die industrielle Buchbindung in Aufschwung.

Die Arbeit des Buchbinders als Schlussglied in der Kette der Buchherstellung nahm immer starken Einfluss darauf, ob ein schönes handgemachtes, qualitativ dauerhaftes und beständiges Buch entstehen konnte. Denn mit der äußeren Form eines Buches vervollständigte er die Kette der beteiligten Produzenten u. a.: dem Autor, dem Papiermacher und dem Verleger und setzte sich ebenso der Buchkritik aus. So kritisierte z. B. Wilhelm Wackernagel (1806-69) die mangelnde Qualität einer Auflage, weil auf verschiedenen Seiten wohl wichtige Randbemerkungen abgeschnitten waren, „das Pergament war dem Buchbinder eben zu lang“, so der Kritiker, heute nennt man das „Mangelexemplar“ oder es würde gleich eingestampft werden.

1912 gründete sich der Verband pommerscher Buchbindermeister in Stettin.

Buchdrucker

Seit Johann Gutenbergs Erfindung der beweglichen Lettern um 1400 nahm der Buchdruck fortan seine rasante Entwicklung, die bis heute anhält und immer wieder zu verblüffenden Erneuerungen führt, betrachtet man z. B. die modernen E-Books, die ohne Papier auskommen.

Gutenberg (um 1400 in Mainz geboren; † 3. Februar 1468 ebenda) legte zu alle dem die Grundlage, denn mit Hilfe von einzelnen Lettern aus Holz oder Blei, war eine Buchseite schneller gesetzt als vorher mit der komplett in Holz geschnitzten Seite, die eben nur für eine Buchseite verwendbar war. Der Buchdruck wurde effektiver und preiswerter und hatte das mühselige Abschreiben von Büchern durch die Mönche bald überholt.

Die Erfindung des Mainzer Patriziers Gutenberg ging auch in Pommern ein und die erste Offizin im Pommernland entstand in Stettin. Am 19. April 1569 fertigte Herzog Barnim IX. die Bestallungsurkunde für den Buchdrucker Johann Eichhorn aus Frankfurt a. d. Oder aus. Als Nächstes bekam die Stadt Greifswald eine Druckerei, dies hatte sie ihrer 1456 gegründeten pommerschen Universität zu verdanken. Bezeichnenderweise wechselte im Jahr 1581 der Rostocker Universitätsbuchdrucker Augustin Ferber nach Greifswald. Die dritte Buchdruckerei entstand 1582 in Barth durch Herzog Bogislaw XIII. (1544-1606) der die Ämter Barth und Neuencamp besaß, und dort besonders Handwerk und Kunst förderte. Das erste Buch in der Barther Offizin erschien noch im selben Jahr und besonders berühmt wurde die „Barther Bibel“ in niederdeutscher Sprache. Stralsund wird 1628 erwähnt mit einer Offizin von Moritz Sachs.

Im ersten Drittel des 19. Jahrhunderts setzte eine zweite technische Revolution im Druckgewerbe ein. Mit der Erfindung der sogenannten Schnellpresse durch König & Bauer konnten erstmals 800 und mehr Seiten in der Stunde abgedruckt werden, was insbesondere einen großen Innovationsschub für den Zeitungsdruck gab. Die neue Technik ermöglichte Massenpublikationen für Bücher, Amts- und Intelligenzblätter, Wochenblätter, Anzeiger oder Journale und regionale Tageszeitungen. Waren dann auch die politischen Hindernisse mit der Zensur und anderen amtlichen Hürden überwunden, konnte das bedruckte Papier unter die Leute gebracht und beworben werden. Die technische Reproduzierbarkeit von Informationen jeder Art, insbesondere Politik, Kultur, Militär usw. kannte nunmehr keine Grenzen und die Leute dürsteten danach. Die im 19. Jahrhundert entstanden Druckereien vereinigten deshalb auch Buch- und Zeitungsdruck mehr oder weniger erfolgreich.

Um 1830 arbeiteten nun bereits in acht Städten Vor- und Hinterpommerns Buch- und Zeitungsdruckereien, insgesamt 11 Druckereien, hauptsächlich mit den modernen Druckpressen. Hinsichtlich des Buchdrucks entwickelten viele damalige Druckereibesitzer beziehungsweise ihre Mitarbeiter ein heute bestaunenswertes verlegerisches Potenzial, was eben das gesamte Lektorat sowie das unternehmerische Risiko betraf. Wirtschaftlich versuchte man die Offizin in den kleineren Städten durch Aufträge für periodisch erscheinende Amtsblätter, Intelligenzblätter, Regierungsanzeigen, Ratsverordnungen, Bekanntmachungen usw. abzusichern. Weniger und mitunter kaum war man in der ersten Hälfte des 19. Jahrhunderts in der Lage, Publikationen aus dem literarischen Genre zu veröffentlichen, da hierfür auch das breite Lesebedürfnis nicht geweckt war. Wenn ein Buchwerk höhere Auflage und besseren Gewinn versprach, dann aus dem Gebiet von Fach- und Sachliteratur.

1832 wurde Demmin Stadt des Buch- und Zeitungsdrucks. Gründer der Offizin war der gebürtige Demminer W. Gesellius, der beim Buchdruckereibesitzer Jantzen in Schwedt das typografische Geschäft erlernte. Es erschien bald ein „Demminer Wochenblatt“ und bis 1840 konnten neun Druckwerke naturhistorischer, landwirtschaftlicher, tierärztlicher und ästhetischer Richtung herausgegeben werden. Den größten Bogenumfang nahm Haubners „Handbuch der populären Thierarzneikunde“, in 4 Bänden 1838 und 1839, ein.

1833 hatte die Stadt Anklam durch Ludwig Zink, gebürtig aus Klettenburg/Harz, eine Druckerei erhalten. Früher war Buchdrucker Zink zehn Jahre lang Besitzer einer Offizin zu Insterberg in Ostpreußen; darauf drei Jahre zu Kolberg. Die Druckerei arbeitete mit einer Schnellpresse und gab außer dem „Anklamer Wochenblatt“, einige kleine Werke landwirtschaftlichen und technischen Inhalts heraus. Die Kooperation mit einer Buchbinderei lag in Anklam schon aus der Tradition heraus in guten Händen. Seit 1698 arbeiteten in der Peenestadt geschickte Buchbindermeister, die sich zunächst mit den Stettiner Buchbindern in einem Amt vereinigten und die im Jahr 1779 erstmals eine eigene Anklamer Buchbinderzunft bildeten.

Nach 1850 konnte sich der „literarische Verkehr“ in Anklam ausweiten: 2 Buchdruckereien (Dietze und Rietz), eine lithografische Anstalt, 2 Buchhandlungen, 2 Leihbibliotheken und zwei Zeitungen. Das „Anklamer Kreis-, Volks- und Wochenblatt (bei Dietze)“ und die „Anklamer Zeitung“ (seit 1861 bei Rietz) erschienen je wöchentlich an drei Tagen. Die literarische Tätigkeit in der Hafenstadt förderte die Anklamer Gesellschaft „Pomerania“, die sich um die plattdeutsche Mundart bemühte. Der Geschäftsführer, Pastor Wilhelm Quistorp, gebürtig aus Wolgast, gab in 5 Jahrgängen von 1864-1868 eine Zeitschrift „Das liebe Pommernland“ heraus.

In Pasewalk zog der moderne Druck ebenfalls 1833 in der Offizin von Adolph Wilhelm Jacob ein. Er stammte aus Danzig und nahm in Berlin seine Ausbildung. In seiner Offizin erschien damals ein „Anzeiger. Wochenblatt für Pasewalk und Umgebung“, 2-mal pro Woche und mit einer Auflage von 300 Exemplaren. Dazu gab die Buchdruckerei Jacob verschiedene Bücher wie „Pommerschen Sagen, Balladen und Lieder“ von Eduard Hellmuth Freyberg (1838) sowie die Ausgaben des Terentius und Cornelius Nepos von C. W. Reinhold (1838 und 1839) und andere kleine Druckwerke von zeitgenössischen Literaten Werner, Schultz und Reinhold.

Wolgast kam 1839 als Buchdruckort hinzu. Johann Ludwig Friedrich Elsner, gebürtig aus Jever in Ostfriesland und zuletzt tätig als Faktor in der Oestenschen Ratsbuchdruckerei zu Wismar, erhielt Anfang 1839 vom Wolgaster Rat und darauf am 17. April von der Stralsunder Regierung die Buchdruckerkonzession. Mit Beginn seiner Tätigkeit beabsichtigte er die Herausgabe eines „Wolgaster Wochenblatts“. Am 17. Oktober 1840 erhielt er die Erlaubnis zur Herausgabe des Wochenblatts unter dem Titel „Wolgaster Anzeiger“. Aus Wolgast stammte auch ein Johann Kankel, der schon im 17. Jahrhundert in Schweden Buchdruckerkarriere machte.

In Barth erfolgte 1848 mit der Herausgabe des Wochenblatts, im Untertitel „Unterhaltung und Belehrung“, die erneute Gründung einer Buchdruckerei und eines Verlages durch den Buchdrucker C. W. Anthony. Anfangs nutzte er für sein Unternehmen die Mietwohnung in der Fischerstraße 6, später erwarb er ein Haus. Er zeichnete verantwortlich für die Redaktion und hatte sich an die Themen der amtlichen Zensur zu halten, so dass die Ereignisse der Revolution von 1848 und die Tagespolitik von der Veröffentlichung unberührt blieben. Das Blatt erschien im Umfang von 8 Seiten einmal wöchentlich sonnabends und kostete pro Quartal 10 Silbergroschen. Es enthielt zunächst u. a. Beiträge zur Historie der Stadt Barth, Gedichte, Rätsel, Vermischtes, Kurioses, Geburten, Hochzeiten, Todesfälle, verschiedenste Marktpreise und beliebten Anzeigen für das Publikum.

Insgesamt verfügte die Provinz Pommern im Jahr 1847 über 32 durch Buchdruckereien herausgegebene Zeitungen, von denen die meisten sogenannte Intelligenzblätter (hauptsächlich Anzeigenblätter) und die wenigsten aufgrund der herrschenden Zensur politische Zeitungen waren. Nur vom preußischen Staat genehmigten „politischen Zeitungen“ stand es zu, überhaupt ein Wort über Staat und Kirche zu schreiben.

Dachdecker

Das Dachdecker-Handwerk hat sich im Laufe der Zeit aus den Bauhandwerkern als eigenständiges Gewerk herausgebildet. So dauerte es seine Zeit, bevor die Handwerker als selbstständige Zunftmeister entsprechende Anerkennung fanden, doch von Anbeginn des Hausbaus gehörte die wetterfeste Dacheindeckung dazu. Die Handwerker, die sich dann mit dem Dachbau professionell abgaben, wurden so vielfältig benannt, wie es Materialien für die Dächer gab. In Anklam, Greifswald, Pasewalk oder Ueckermünde arbeiteten wie in allen anderen pommerschen Städten bis etwa Mitte des 19. Jahrhunderts Bleidecker, Kupferdecker, Schieferdecker, Schindeldecker, Stroh- und Reetdecker, die Turmdecker und eben die Ziegeldecker.

Für repräsentative öffentliche Gebäude wurden wegen der Feuergefahr ab dem 14./15. Jahrhundert Ziegeldächer und ab Ende des 18. Jahrhunderts für sämtliche Bürgerhäuser verordnet - und so bildete sich der Beruf des Ziegeldeckers heraus. Aber häufig wurden die Ziegeldächer noch schlichtweg von den Maurern gefertigt, insbesondere wenn der Dachstuhl vom Hauszimmermann exakt gelattet war. Und in den Stadtrandgebieten existierten daneben bis Anfang des 19. Jahrhunderts Reetdächer, mitunter einfache Strohdächer, oft die nicht nur auf Scheunen. Nach einer alten Statistik verzeichnete Lassan 1725 etwa 35 mit Stroh gedeckte Bürgerhäuser. Im Jahr 1767 lebten in Anklam 3045 Einwohner in 550 Häusern, davon waren 473 mit Ziegeldächern und 77 mit Holzschindeln bzw. Stroh bedeckt. Noch im Jahr 1938 war das Dach der Wassermühle in Bugewitz mit Stroh gedeckt.

Durch den zunehmenden Gebrauch der Ziegeldächer erlebten viele kleine Ziegeleien einen wirtschaftlichen Aufschwung, sie sicherten den Arbeitern ihren Lohn und Brot. 1792 existieren in Pommern 114 Ziegeleien, die nach Bedarf Mauersteine, Dachsteine und Hohlsteine fertigten. Auch Dachziegeln wurden im Laufe der Jahrhunderte durch Material, Größe und Form erheblich verändert, maßgeblichen Anteil hatte daran die zunehmende technische Herstellung.

Als älteste Dachziegelform sind die Mönch- und Nonnendachziegeln aus gebranntem Ton bekannt. Dabei wurden immer zwei konisch geformte Hohlziegel ohne Verpfalzung auf die Fläche gelegt, von denen der eine größer ist als der andere (Mönch und Nonne) war, beide zusammen bildeten ein Paar. Bis in die heutige Zeit haben sich mit den „platten und den hohlen Dachziegeln“ zwei Grundformen herausgebildet. Erste hießen früher Zungenziegel, Hackenziegel, Fachziegel und wie heute Bieberschwänze. Die zweite Ziegelart sind die Dachpfannen, auch Hohlziegel, Hohlpfannen, Krempziegel genannt; alle ihre Varianten sind zu erkennen am lateinischen S im Querdurchschnitt. Die platte Dachziegel und die Schieferdeckung waren im Süden und Westen Deutschlands vorherrschend, während die Dachpfannen in Norddeutschland ihre breiteste Anwendung fanden. 1793 legte die königliche Regierung zu Stettin ein Maß für die Dachziegeln in Pommern fest, damit die Dächer einheitlich aussehen konnten: 15 Zoll lang, 6,25 Zoll breit und 1 Zoll hoch.

Die Handwerksbetriebe in der Dachdeckerei waren in der Regel klein, und die Kapitalvoraussetzungen für den Meister gering, da nur wenige Geräte und Werkzeuge wie Dachleiter, Kelle, Säge, Seile und Spitzhammer benötigt wurden. Die Meister und Gesellen der Dächer unterlagen zunächst keinem Zwang zur eigenen Zunftgründung, sie traten je nach ihrer Spezialisierung den Zünften des Bauhandwerks bei, hauptsächlich dem Maureramt, aber auch der Kupferschmiedezunft u. a. Erst nach 1850 begann sich überall im deutschsprachigen Raum die allgemeine Berufsbezeichnung Dachdecker durchzusetzen und es bildeten sich trotz Gewerbefreiheit Dachdecker-Innungen, um das eigene Gewerk aufzubauen. Ein notwendiger Grund bestand darin, die speziellen wirtschaftlichen Interessen z. B. vor den Maurern oder anderen Baugewerken zu schützen. Auch für die Dachdecker stand die Sicherung ihrer Arbeitstätigkeit und damit sie Sicherung ihres täglichen Einkommens und der Familienerhalt im Vordergrund. 1863 existierten in der Provinz Pommern 203 Meisterbetriebe zur Dachdeckung mit 947 Gesellen und Lehrlingen. Etwa 50 Meister waren auf Schieferdeckung spezialisiert.

Auch die Dachdecker hatten so manches karge Arbeitsjahr zu überwinden. In der Stadt Greifswald arbeiteten in diesen Jahren nur 4 Meister mit je einem Gesellen. Für das Jahr 1869 meldete eine amtliches, preußisches Quellenwerk für Greifswald: „Der Privat-Hausbau lag mehr darnieder als im Vorjahr“.

Mit der Gründerzeit und der zunehmenden Industrialisierung in der pommerschen Wirtschaft, verbesserten sich wieder die Auftragsbedingungen. Hinzu kam ab Mitte des 19. Jahrhunderts mit der Dachpappe ein neues Eindeckungsmaterial auf den Markt, was sich sehr gut für Flachdächer eignete. Die Erfindung der Dachpappe begünstigte das

Pultdach mit wenig Dachneigung im städtischen Wohnungsbau, vor allem bei mehrstöckigen Arbeiterwohnhäusern und Mietskasernen. Parallel dazu verlief die Industrialisierung, durch welche Produktionsgebäude und Lagerhallen mit großflächigen Dächern entstanden und die leichtes Eindeckungsmaterial erforderten, was natürlich auch billiger war. Die Dachdecker verarbeiteten mit der Dachpappe ein neues Material, das Bauvorschriften genügte und die Fertigungszeit wesentlich verkürzte. In den pommerschen Ackerbürgerstädten findet man es heute noch und wurde so mancher Wohnungsmangel behoben, der um die Jahrhundertwende 19./20. Jahrhundert durchweg vorhanden war.

Drechsler

„Von der Wiege bis zum Grabe begleitet uns des Drechslers Gabe“, so lautet ein alter Handwerksspruch. Denn wurde ein Menschlein geboren, fertigte der Drechsler eine Wiege an und starb ein Mensch wurde er in einem Sarg zur letzten Ruhe gebettet. Drechsler gehörten zum holzverarbeitenden Handwerk und fertigten verschiedene Alltagsgegenstände für den häuslichen Gebrauch an oder arbeiteten anderen Gewerben zu und sie fertigten feine Kunstgegenstände an. Da gab es die Ebenisten oder Kunsttischler, die ihre eingelegten Arbeiten aus dem feinen Ebenholz anfertigten. Die Bandbreite von Drechslerarbeiten ist schier unerschöpflich von: Schüssel, Teller, Löffel, Becher, Tisch- und Stuhlbeine, Pfeifen, Spazierstöcke, Spielzeug usw. Die Vielfalt der Drechslerprodukte bedingte frühzeitige Spezialisierungen, die bis Ende des 19. Jahrhunderts anhielten. Bestimmend war dabei die besondere Art des verwendeten Materials. Drechsler z. B., die tierische Knochen und Horn formten, nannten sich Knochendreher bzw. Knochenschnitzer.

In ihren Werkstätten verfertigten sie mit geschickter Dreh- und Schnitztechnik aus Rinderknochen vielfältige Gebrauchsgegenstände: Gürtelschnallen, Würfel, Nadeln, Flöten, auch figürliche Arbeiten z. B. zu Amuletten, Knöpfe, Meißel, Messergriffe, Schlittenkufen, Stößel, Stempel, Perlen, Pfeifen oder Spielzeug für die Kinder. Solche alten Gegenstände aus Knochen findet man heute in Museen, wo man die frühen Arbeiten der Knochendrechsler bewundern kann. Im Hochmittelalter standen Trinkgefäße aus Horn in hohem Ansehen bei den Rittern und Adligen. Manches kostbare Trinkhorn wurde für die edlen Herren aus tierischem Horn angefertigt, womöglich wurde die Jagdtrophäe versilbert oder vergoldet, um sie dann bei einem festlichen Gelage zu leeren. Bekanntermaßen entstanden Holzinstrumente aus einfachen und edelsten Hölzern und es konnte ebenso gut mit Zwischenstücken aus tierischem Material angefertigt sein, je nach den Wünschen des Musikus.

Aus dieser frühen Zeit wurden ebenso die zweckmäßigen Holzbecher bekannt, sie wurden vielfältig in Form und Größe hergestellt. Meist entstanden die Becher als Abfallprodukt von größeren Holzarbeiten. Sie waren gegenüber den Bechern aus Zinn, Silber, Gold oder Glas immer preiswerter zu haben und wurden zeitweise in der Trinkkultur Pommerns fest verankert. Ob zum Wasser- oder Teetrinken, zur Verabreichung von Medizin, ja sogar zum Maßnehmen; der Becher war vielseitig verwendbar und selbst zum Glücksspiel unentbehrlich. Traditionell gehörte der Becher aber zum Wein, während Bier aus dem tönernen Krug, zinnernen Humpen oder später aus einem Glas getrunken wurde. So ist es nicht verwunderlich, dass in diesen Zeiten aus dem Alltagsgebrauch heraus der spezielle Beruf des Becherers wie in Stralsund oder Rostock entstehen konnte.

In Anklam oder Pasewalk fertigten die Drechsler Rosenkränze für den religiösen Gebrauch an. In großen Städten spezialisierten sich diese als Paternostermacher, die regen Zulauf von jedermann erfuhren.

Allen diesen Spezialisten der Drechslerei war unabhängig vom Material die Haupttätigkeit gleich, das Drehen mit einer kleinen Drehbank unter Verwendung ihres wichtigsten Handwerkzeugs, des Dreheisens. Seitdem 13. Jahrhundert ist die Wippdrehbank bekannt, wodurch beide Hände frei am Werkmaterial arbeiten konnten. Durch die gekröpfte Welle von Leonardo da Vinci wurde die einförmige Drehbewegung möglich. Die Technik erweiterte sich ständig durch kluge Handwerker und so entstanden später Figuren- und Vieleckdrehbänke.

Zu Ende des 16. Jahrhunderts erhielten die Drechsler zu Greifswald ihre Innungsartikel und ebenso die Stettiner Drechsler. Die erste Amtsrolle der Anklamer Drechsler stammt nachweislich aus dem Jahr 1654. Im 18. Jahrhundert wurden in den Städten Vorpommerns zusammen 42 Drechslermeister amtlich erfasst, davon in Gützkow 1 Meister und in Grimmen 3 Meister. Um diese Zeit schienen die Drechsler für den preußischen Staat ganz wichtige Leute zu sein. Von König Friedrich Wilhelm I. war ein Erlass an das Handwerk ergangen, in dem gefordert wurde, dass zusätzlich zu dem Meisterstück 500 Stück Bombenanzünder anzufertigen waren und an die zuständigen Waffen-Arsenale abgeliefert werden sollten.

Noch zu Anfang des 19. Jahrhunderts gab es im ganzen preußischen Pommern 153 Drechslermeister, die nach dem Bedarf der kleinen Haushaltungen arbeiteten. Nach einem alten Adressbuch arbeiteten z. B. in Ueckermünde die Drechseleien von Dahms und Fischer und in Pasewalk die von Baarts. In Loitz bedienten die Meister Gäbel und Heuk die Leute mit Holzwaren.

Mit der Entwicklung der Industrie verlor sich das spezialisierte Handwerk, womit die alten Muster und Techniken in Vergessenheit gerieten. Alltagsgegenstände und Möbelgeschmack erfuhren durch massenhafte Herstellung enorme Veränderungen im Preis, Form und Materialien.

Fischerei

Bis heute wissen die Leute den Genuss von Fisch zu schätzen und nicht nur bei uns im Norden. Fisch gehörte traditionell zu den nahrhaften und wichtigen Nahrungsmitteln, angefangen bei den einfachen Leuten bis hin zu den höheren Ständen, besonders hier am Wasser. Der Fischfang war über viele Jahrhunderte mit anderen Gewerken fest verbunden, ja über die Spezialisierung und Arbeitsteilung erhielten und beförderten sie einander wie z. B. den Bootsbau, die Seilerei, Garnspinnerei, die Segelmacher oder die Böttcher.

Auch die Fischerei an der pommerschen Ostseeküste und in den Binnengewässern war grundsätzlich nicht frei auszuüben, sondern an Rechte gebunden und stark reglementiert. Im Mittelalter zählte der Fischfang zu den herzoglichen Regalien (Privilegien) und durfte daher von keinem Mann ohne fürstliche Erlaubnis betrieben werden, denn der Fisch war sozusagen ein begehrter Landesschatz. Die Herzöge vergaben mit den Städtegründungen an die Kommunen regional begrenzte Fischereirechte, mitunter auch an Privatpersonen wie der Herrschaft zu Putbus auf Rügen oder anderen hochadligen Personen. 1312 erhielt die Stadt Anklam von Herzog Wartislaw IV. die Fischereirechte für das Haff und den Peenefluss. Pommersche Landesverordnungen regelten seit dem 16. Jahrhundert den Fischfang nach Fischereibezirken, den verschiedenen Fangmethoden und gaben Fischschonzeiten vor. Vom reichlichen Fischfang lebten und ernährten sich nicht nur die Landsleute, bester Speisefisch bereicherte auch die herzogliche Tafel. Deshalb mussten die pommerschen Fischer auch den 6. Teil vom Fang (den sogenannten Herrenfisch) der fürstlichen Küche in Wolgast abgeben. Der Fischfang, insbesondere der vom edlen Aal, war auch Ausgangspunkt für Ortsgründungen bzw. Namensgebungen beispielsweise für Ahlbeck auf Usedom und Ahlbeck an der südlichen Haffküste.

Für die strenge Einhaltung der frühen Fischereigesetze sorgten befugte Amtspersonen wie der „Haffkieper" zwischen Anklam, Usedom, Ueckermünde und Wollin. Ab Anfang des 19. Jahrhunderts übernahm der preußische Oberfischmeister mit seinen untergeordneten Fischereibezirken die staatliche Aufsicht über die Fischerei.

Die Arbeit und das Zusammenleben der Fischer in Greifswald, Anklam und Ueckermünde wurden wie im gesamten Handwerk in Zünften und Ämtern geregelt. In Anklam gab es die Ämter der Großfischer (erste Amtsrolle aus dem 15. Jahrhundert) und der Fischer vom Peenedamm. Den Fischern vom Peenedamm stand nur der Fischfang in der Peene zu.

In dieser alten Hansezeit stand der Hering hoch im Kurs und er begründete den Reichtum bedeutender Hansestädte. Der Hering trat im 14. und 15. Jahrhundert in großen Schwärmen hauptsächlich in der nördlichen Ostsee vor der Halbinsel Schonen und in der Nordsee vor Bergen auf. Die südlichen Ostseestädte organisierten den Heringsfang im Hansebund nach strengen Richtlinien und gründeten auf Schonen (Falsterbö und Skanör) und in Bergen mit den Vitten zentrale Fang- und Handelsplätze. Der Dänenkönig Waldemar hatte 1338 der Stadt Anklam die Freiheit der Fischerei in seinen Gewässern bestätigt. Weil der Verkauf erfolgreich florierte, gründeten sich zu seinem Großhandel Schiffer- und Kaufmannsgesellschaften. In Anklam entstand mit der „Bornholmer Burse" eine solche Interessenvertretung.

Auf den Vitten, den Fischfang-Niederlassungen der Hansestädte, herrschte regelmäßig mit dem Beginn der Hauptfangzeit ab Ende Juli ein reges und geschäftiges Treiben. Der frisch angelandete Fisch wurde vor Ort für den Handel konserviert, Dorsch wurde üblicherweise getrocknet (Stockfisch), Hering aber hauptsächlich gesalzen, so dass sie über einen längeren Zeitraum genießbar blieben. Selbst die Heringstonnen wurden auf den Vitten gefertigt, so dass hier neben den Fischern, die Böttcher, auch Seiler und Netzflicker während der Fangzeiten arbeiteten und wohnten. Für Recht und Ordnung sorgte auf jeder Vitte ein Vogt. Die Anklamer, Greifswalder, Lübecker, Rostocker und Stralsunder Vitten hatten ihre eigenen deutschen Vögte. Der Heringsfang im großen Stil dauerte bis Ende des 15. Jahrhunderts an, dann blieben dort die Fischschwärme aus, vermutlich durch totale Überfischung der Ostsee.

Der Beruf des Fischers wurde traditionell in der Familie weitergegeben. Eine geregelte Ausbildung gab es bis Ende der Dreißiger Jahre des 20. Jahrhunderts nicht. Nach der Konfirmation gingen die Söhne meist bei den Vätern in die Lehre und arbeiteten danach als Gehilfe bei den Vätern oder anderen Fischern. Selbstständig wurden sie nach dem Kauf eines Bootes und der Fanggerätschaften oder durch die Übernahme des väterlichen Betriebs. Nicht selten fielen Heirat und Betriebsgründung zusammen und regelten auch die sozialen Bindungen. Die Ehefrauen der Fischer brachten sich fast überall in das Betriebsgeschehen als Hilfskräfte bei der Unterhaltung der Netze, in der Fischverarbeitung und beim Fischverkauf ein.

Die Fischfanggebiete konzentrierten sich in Vorpommern auf die küstennahe Ostseefischerei und auf die Binnengewässer und die Fischerei entwickelte regional verschiedene Fangmethoden. Das Stettiner Haff und die Ostsee wurde lange Zeit mit Zeesenbooten und großen Garnen, Stellnetzen, Reusen und Angeln befischt und im Winter ernährte man sich von der Eisfischerei. Doch hatten die Fischer auch immer schwere Existenznöte zu überwinden, die natürlichen Wetterkatastrophen brachten sie an den Rand ihrer Existenz. Insbesondere die großen Sturmfluten vergangener Jahrhunderte und die schweren Herbststürme wurden historisch überliefert und zeigten die Kraft der Natur, wodurch oft sämtliche Produktionsmittel: Boote wie Reusen und Netze vernichtet wurden.

Doch auch die Konkurrenz mit den natürlichen Fischfressern wie Seehunde und Kormorane machten den Fischern immer wieder zu schaffen.

Noch Anfang des 20. Jahrhunderts lieferte das Haffgewässer etwa jährlich bis zu 4 Millionen kg Fangfisch. Der Aal galt den Fischern bis 1945 als der sogenannte Brotfisch, weil er das meiste Geld brachte, was sich in der DDR-Zeit wiederholen sollte.

Fleischer

Das Fleischerhandwerk ist ein sehr altes Gewerbe. Im Mittelalter spielten der Genuss und die Verarbeitung von tierischen Nahrungsmitteln, Fleisch, Fett, Knochen usw. eine nicht unbedeutende Rolle, vielleicht mehr als in folgenden Jahrhunderten. Das lag wohl vor allem an der Möglichkeit wie die Leute überhaupt ihren Hunger stillen konnten und ihre Arbeitskraft erhielten. Fleisch war eine sehr nahrhafte Speise und daher durchaus in den Küchen bis zu den adligen Leuten hin geschätzt. Die Vielfalt der tierischen Nahrung hing auch von ihren einheimischen Tierhaltungs- und Beschaffungsmöglichkeiten ab, ob nun Schwein, Rind, Kalb, Schaf, Ziege, Wild oder Geflügel, gebraten, gekocht, gesalzen, geräuchert oder zu schmackhafter Wurst und saftigem Schinken verarbeitet, in früheren Zeiten verzichteten die Menschen außer aus religiösen Gründen, z. B. während der Fastenzeiten, nicht auf diese Speise. Dabei gab es im Verzehr schon Unterschiede je nach der Jahreszeit, so aß man im Winter mehr Fleischwaren als im Sommer. Allerdings blieb für die große Mehrheit der Leute das kräftige Fleisch ein sehr begehrtes und weil mitunter ein teures, so doch keineswegs unentbehrliches Nahrungsmittel. Der Hunger wurde doch auch immer wieder zwangsläufig (während Kriegs- oder Pestzeiten) nur mit Brot, Mehlspeisen, Erbsen, Bohnen, Graupen, Grütze und späterhin durch die Kartoffel gestillt.

Im Spätmittelalter entstanden Spezialisierungen unter den Fleischern, einmal die Kütler bzw. Küter und dann die Knochenhauer. Die Küter, die hauptsächlich Vieh und Wild schlachteten, durften nur begrenzt selbst Fleischwaren verkaufen. Die Hansestadt Stralsund benannte ein Stadttor nach ihren Kütern. Von den Stadtbehörden wurden Schlachthäuser eingerichtet, die meist am Wasser lagen. In Stettin lag das städtische Schlachthaus direkt an der Oder, unmittelbar vor der Baumbrücke. Im Schlachthaus sollten das Töten der Tiere und das Ausschlachten nicht öffentlich und doch kontrolliert erfolgen können. Fürstliche Schlachthäuser für die herzoglichen Küchen gab es in allen vorpommerschen Schloss-Residenzen, so in Stettin, Wolgast und Ueckermünde.

Die Knochenhauer dagegen, die in der Hauptbefugnis Fleisch zerteilten und Wurstwaren fertigten, durften die Fleischwaren unbegrenzt verkaufen. Sie mieteten von der Stadt sogenannte Fleischscharren, auch Fleischbuden oder Fleischbänke genannt, worin der Verkauf erfolgte.

Neben den Kütern- und Fleischhauern arbeiteten noch die Speckschneider (lardiscide), die wohl im 14. Jahrhundert in größeren Städten ein eigenes Amt bildeten und die Garbräter, die aber nur vereinzelt auftraten. Garbräter traten immer dann in Aktion, wenn es galt große Festessen auszurichten. Ein Stralsunder Amtsordnung für Garbräter und Knochenhauer stammt vom Jahre 1646 (Abschrift).

In Greifswald übten die „Knaeckenhower“ um 1500 ein eigenes Amt (Zunft) mit mehreren Meistern aus. Das Gewerbe war dort frühzeitig anerkannt, so dass die Fleischer namensgebend für ein Stadttor (Fleischertor, valvam Carnificum) im Süden, bei einer Straße (Fleischerstraße) und später für eine Vorstadt wurden. Vor dem Fleischertor war ihnen eine Wiese zum Auftrieb des Schlachtviehs zugewiesen. 1394 erhielt Greifswald das Privilegium, dass im Umkreis von 4 Meilen kein fremder Schlächter Vieh aufkaufen durfte, womit die Greifswalder geschützt wurden. Durch diese Bannmeile blieben insbesondere die Stralsunder Schlächter vom Viehaufkauf bis zu den Toren von Greifswald, Wolgast und Gützkow hin ausgeschlossen. Kein Metzger kam damals ohne Gesellen aus, da der Meister oft übers Land fuhr, um Schlachtvieh einzukaufen. Das Amt hielt jährlich eine Morgensprache (Zunftversammlung), die der Altermann einberief und leitete, am Ende der Morgensprache wurde eine viertel Tonne Bier getrunken. Wenn ein Fleischergeselle Meister werden wollte, konnte das schon für ihn teuer werden. Nach alten Zunftstatuten hatte er seinen Amtskollegen eine Tonne Bier und zwei Mahlzeiten mit jeweils zwei ergiebigen Fleischbraten auszugeben. Hatte er den Meistertitel erworben, kamen nochmals drei üppige Mittagsgerichte und eine Tonne Bier hinzu.

Ab der Neuzeit fanden jährlich Viehmärkte für Rinder, Schweine, Ziegen und Pferde statt, wo neben Kauf- auch die Schlachttiere von außerhalb angeboten wurden. Für Anklam gab Herzog Philipp Julius urkundlich am 18. Juni 1613 mit der Verleihung eines Viehmarkts den Auftakt. In Ueckermünde existierte ein besonderer Ziegenmarkt. Auch auf den gewöhnlichen Wochenmarkttagen am Mittwoch und Samstag wurden Gänse und Schweine auf den Marktplätzen aufgetrieben. Bis Anfang/Mitte des 20. Jahrhunderts wurde der Fleischbedarf auch durch die eigene Viehhaltung der in den Ackerbürgerstädten abgedeckt. Dieses Hausvieh ging meist nicht auf den Schlachthof, sondern der Metzger kam ab Herbst zu den Leuten und nahm das sogenannte Hausschlachten vor. Entlohnt wurde er dafür nach einem festgesetzten Tarif.

Über das Fleischergewerbe behielten sich die Stadtverwaltungen stets ein Aufsichtsrecht vor. Die Aufsicht des Rats bezog sich vor allem auf die Qualität der Fleischwaren und auf die Preise (Fleischtaxe), wobei im Mittelpunkt stets die Gesundheit der Bürgerschaft stand. So sollten beispielsweise die Knochenhauer nur gesundes und gutes Fleisch feilhalten und kein verseuchtes Schlachtvieh einkaufen. Besondere Aufmerksamkeit galt den Notschlachtungen, wodurch ungesundes Fleisch auf den Küchentisch gelangen konnte. Das änderte sich erst, als im 19. Jahrhundert eine staatlich verordnete Vieh- und Fleischbeschau einsetzte.
1819 verbot die Regierung zu Stralsund für Neuvorpommern den Fleischern das sogenannte Aufblasen von Fleisch. Das künstlich erzeugte frische Aussehen der Ware war aber nichts anderes als eine arge Verbrauchertäuschung, die aufgedeckt wurde durch regelmäßige Prüfungen.

In der Stadt Jarmen versorgten im Jahr 1850 4 Fleischermeister die Einwohnerschaft mit Fleisch- und Wurstwaren. Nach der Gewerbetabelle von 1861 arbeiteten in der Stadt Pasewalk 10 Meister mit 15 Gesellen. Das Städtchen Neuwarp hatte 1862 4 Fleischer. 1868 gab es in der gesamten Provinz Pommern 1040 Fleischermeister mit 773 Gesellen und Lehrlingen.

Um 1900 versorgten in Ueckermünde vier Fleischermeister (Freundt, Horn, Paetsch, Ullrich) die Bürger mit Fleisch- und Wurstwaren. Im Vorderhaus erfolgte der Ladenverkauf, im Hinterhaus wurde geschlachtet. Im Winter wurden die Fleischteile auf dem Hof zur Kühlung ausgehangen und von Hunden vor Diebstahl bewacht. In anderen Städten wie Greifswald, Anklam und Pasewalk errichtete man kommunale Großbetriebe, das waren zentrale moderne Schlachthäuser. Die Gründe dafür lagen hauptsächlich in der Durchsetzung besserer hygienischer Anforderungen. Zugleich wurden die (kostspielige) Nutzung moderner technischer Kühlanlagen und die Konzentration des Viehauftriebs zum Schlachten zentralisiert. Beispielsweise wurden in Pasewalk vom 1. Juli bis 30. September 1917 im städtischen Schlachthaus geschlachtet: 9 Pferde, 5 Bullen, 95 Kühe, 47 Jungtiere, 134 Kälber, 64 Schweine, 23 Schafe, zusammen 377 Tiere. Die Fleischer widmeten sich nun der modernen Verarbeitung von tierischen Teilen zu Fleisch- und Wurstwaren und dem Verkauf. Die Fleischer von Pasewalk hatten aber noch eine wichtige Zunftsache nachzuholen. Ihre Zunft gründete sich zwar schon im Jahr 1637, doch zur Anschaffung einer Innungsfahne und zur Fahnenweihe, gelangte man erst im August 1926.

Friseur

Das Friseurhandwerk im heutigen Sinne mit einem festen Ladengeschäft, in dem sich die Leute ihre Haare nach den individuellen Vorstellungen oder nach der jeweiligen Mode frisieren lassen, entwickelte sich über die Jahrhunderte aus dem Gewerbe der Barbiere und der Perückenmacher, was man sich heute kaum mehr vorstellen kann. Tatsächlich gab es nur an den pommerschen fürstlichen Höfen im 16. Jahrhundert bereits fest angestelltes Hofpersonal, die als Friseure bekannt waren.

Ursprünglich gab es geschickte Bartscherer, die für das Mannsvolk den Bart zurechtstutzten gegen ein Entgelt. Der Haarkultur gemäß ließen sich Frauen und Männer gleichermaßen unbekümmert ihre Haare wachsen, so dass anderweitige Frisuren für das Haupthaar nicht aktuell waren. Aus rein praktischen Gründen wurde das Haar auch bei den Männern zum Zopf zusammengehalten. Aufwendige Frisuren oder eine künstliche Haartracht kamen erst im 17. Jahrhundert stark in Mode. Und als Frau und Mann nach der begehrten Perücke griffen, entwickelte sich der Beruf des Perückenmachers und der Barbier hatte in dieser Hinsicht das Nachsehen.

Die Barbiere, Balbierer, Bartputzer, Bartscherer oder lat. barbitonor, wie verschieden sie auch immer genannt wurden, bildeten ab Ende 14. Jahrhundert eigene Ämter. Eine Grundvoraussetzung für die Ausübung ihres Berufs war der Erwerb einer ortsansässigen Barbierstube. Dennoch zogen Barbiere mitunter umher, um auf den regionalen Märkten und zu besonderen Anlässen ihr Handwerk feil zu bieten. Die Barbiere waren bald wirtschaftlich gezwungen ihr Arbeitsfeld zu erweitern, denn auch die Bader boten ebenfalls ihre Dienste an. Die Barbiere verstanden es zunehmend andere Körperpflegedienstleistungen mit in ihr Geschäftsfeld aufzunehmen. Sie eroberten sich das Feld der kleinen Chirurgie und wurden Chirurgen 2. Klasse, wie man sie später nannte.

Schon das Mittelalter kannte die Kunst des Zahnziehens, des Stein- und Bruchschneidens, Starstechens, Schröpfens, Blutegelansetzens oder Amputierens. Das Zahnziehen war den Barbieren, trotz des Protestes der Zahnärzte, noch im Jahr 1912 erlaubt.

1794 verzeichneten die vorpommerschen Städte zusammen 38 Barbiere. 1803 hielt sich das kleinen Städtchen Jarmen einen Barbier.

Die folgende Entwicklung zum Friseurhandwerk verlief über die Perückenmacher. Erst im 17. Jahrhundert wurde die künstliche Haartracht Mode und zwar in Frankreich. Seit König Ludwig XIII. (1610-1643) bildete sich in höfischen Kreisen das Bedürfnis heraus, das Haupthaar ganz besonders lang und üppig zu tragen, unabhängig vom persönlichen Haarwuchs.

Die Perücke diente in höfischen und in Adelskreisen zu Bällen und Festen nicht nur zur Kostümierung, sie war schnell alltägliches Kleidungsutensil geworden. Bei der Morgentoilette erhielten auch die Locken der Perücken kräftig Puder. Bis 1660 ließen sich auch die französischen Geistlichen von der Perückenmode beeinflussen, bis 1670 hatte die Perücke fasst ganz Europa erfasst.

Damit erhielten die Perückenmacher einen kräftigen Aufschwung, denn der Bedarf stieg enorm mit den modischen Ansprüchen. Geschickte Hände vernähten natürliche (fremde) Haare auf ein Leinentuch oder auf Deckelhauben, die einem zeitgemäßen Schönheitsanspruch entsprachen. Geschickte Hände verstanden minderen Haarwuchs zu kaschieren, fülliges Haupthaar vorzutäuschen und von jetzt ab Haarmode in neuer Dimension zu prägen. Zu öffentlichen Gelegenheiten wurde das modische Haarhaupt gezeigt, da schien es egal ob mit Lockenpracht, Flechten oder mit Zöpfen, die künstliche Haarmode war zeitgemäß oder wenn es gelegentlich seltsame Auswüchse fand.

Auch pommersche Perückenmacher orientierten sich mit ihren Angeboten auf kaufmännischen Messen und ließen sich dafür einiges Kosten, wenn sie nicht hinreisten, dann sie ließen sich Modejournale aus den großen Städten wie Hamburg oder Berlin liefern.

Die passgerechte Perücke anzufertigen war mit einigem Aufwand verbunden, vor allem waren Zulieferer gefordert. Zur Perückenfertigung benutzte der Haarkünstler ein Kopfmodell, Perückenkopf bzw. Haubenstock, den ein Bildhauer aus Holz schnitzte oder der Töpfer in Keramik anfertigte. Doch das wichtigste Arbeitsmaterial blieb über einen langen Zeitraum das natürliche Haar im 18. Jahrhundert. Es war sehr gefragt, als bestes und teuerstes Haar galt davon das blonde Haar. Künstliche Perücken wurden ebenso aus Seide gefertigt, aus Pferdemähne oder Ziegenhaar, was aber eher selten benutzt wurde. Folglich hatte sich bis Mitte 18. Jahrhundert ein umfangreicher Handel mit menschlichem Haupthaar entwickelt.

Anfang 19. Jahrhundert trugen die bürgerlichen Männer hauptsächlich wieder das eigene Haar und verzichteten auf Aufputzen ihrer Perücken.

In der modischen Frauenwelt erlebte die Perücke etwa von 1795 bis kurz nach 1800 eine erneute Renaissance. In Greifswald entstand 1784 für diese modischen Bedürfnisse eine gemeinsame Perückenmacher- und Friseurinnung. Die Damen entdeckten die Perücke nie wieder in einem solchen Ausmaß, die volle Perücke wurde in allen Farben, gelockt, gesträhnt in allen Nuancen getragen, doch unter der Perücke verkümmerte das eigene Haar. Das natürliche Haarmaterial war durch die Kriegsgebaren während der Französischen Revolution billig geworden, weil es in großen Mengen vorhanden war. Doch die Haarmode änderte sich mit einem veränderten Schönheitsideal, so sagten die Damen dem Perückentragen Ade und die Perücke wurde in die Theaterwelt verbannt. Wohl steckten oder flochten sich die Damen nur noch einzelne Locken ins Haar ein, doch der Hang zum modischen Frisieren blieb. Es begann, wenn noch recht zaghaft, die Zeit der Friseure, um das natürliche Haar zu gestalten.

Im gesamten Königreich Preußen gab es nach der Volkszählung von 1864 ca. 11403 Barbiere und Friseure, davon fielen allein auf Berlin 1268 Meisterbetriebe. In der Provinz Pommern arbeiteten 49 Barbiere im Regierungsbezirk Stettin und 19 Barbiere wirkten im Regierungsbezirk Stralsund. Als Friseure und Tourenmacher (von Haaraufsatz) wurden für den Regierungsbezirk Stettin 15 Ladengeschäfte mit 9 Gehilfen und 6 Lehrlingen und für den Regierungsbezirk Stralsund 5 Ladengeschäfte mit 2 Gehilfen gezählt. In der Stadt Pasewalk gab es einen Friseur mit einem Gehilfen, aber 5 Barbiere mit 5 Gehilfen. In Greifswald gab es zu der Zeit 2 Friseurgeschäfte für den allgemeinen Bedarf. In Stralsund bildete sich 1885 eine gemeinsame Barbier-, Perückenmacher- und Friseurinnung. Der Bezirk umfasste den Stadtkreis Stralsund, die Kreise Grimmen, Franzburg und Rügen.

Die Friseure in Pommern zählten zunächst zu den kleinen Gewerbetreibenden, sie waren stets auf die Kundschaft angewiesen und die kam hauptsächlich nach wie vor zum Rasieren, Bartstutzen und nur zögernd zum Gestalten moderner Haarfrisuren, das betraf beide Geschlechter. Doch wurde ein Friseurmeister Schult aus Greifswald bekannt, der im Jahr 1800 nach Paris auszog, um sein Glück und seine Berufung als Friseur zu erfüllen. Tatsächlich wurde überliefert, dass er dort in der großen Welt- und Modemetropole Paris mit seiner Friseurkunst Millionär wurde. Er hinterließ nach seinem Ableben zu Paris im Jahr 1862 seinen pommerschen Erben ein Barvermögen von 71000 Fr und ein prächtiges Rittergut dazu.

Mit dem Friseurhandwerk gelangten auch die Frauen in den Berufsstand, wenn auch anfangs gegen erhebliche Widerstände der männlichen Vertreter und es dauerte seine Zeit. Letztlich wurde diese Angelegenheit mithilfe der Frauen selbst durchgesetzt. Die bürgerliche Dame des 19. und 20. Jahrhunderts wollte auswählen zwischen einem Mann oder einer Frau als Friseur und dann musste sich nicht mehr ausschließlich von einem Mann den Kopf waschen und das Haar frisieren lassen. Das beförderte zunehmend die Spezialisierung von Damen- und Herrenfriseur in der Kundenbedienung, was nicht zu vergessen durch die herrschenden moralischen Sitten unterstützt wurde. Der Gang zum Friseur, insbesondere zu bevorstehenden Festivitäten gehörte dann zum allgemeinen Schönheitsbedürfnis der Frauenwelt. Die Männer erwiesen sich aus dieser Sicht betrachtet eher praktisch und zweckmäßig veranlagt. Aber auch diese Bedürfnisse haben sich mit der modernen Körperkultur geändert.
Bei all den Veränderungen brachte insbesondere die Erfindung der Dauerwelle 1906 einen enormen Aufschwung im Friseurgeschäft. Anfangs dauerte die ganze Prozedur noch etwa 5 Stunden und war durch die Hitze nicht ungefährlich für Haaransatz und Kopfhaut. Blessuren waren nicht ausgeschlossen, wenn zu dicht an der Kopfhaut gearbeitet wurde und gewisse Abstände unberücksichtigt blieben. Die ersten vier Zentimeter Haar mussten ungewellt bleiben. So erwiesen sich die ersten technischen Gerätschaften als äußerst unangenehm in der praktischen Anwendung, doch wie heißt es so schön: „Wer schön sein will, muss leiden“. Ab 1924 gab es einen Durchbruch mit verbesserten technischen Geräten, die nunmehr mit elektrischem Strom arbeiteten.

Glaser und Fenstermacher

„Glück und Glas - wie leicht bricht das". Von der Arbeit früherer Glasermeister, ihren alten Handwerkstechniken und Arbeitsgeräten ist inzwischen vieles nur noch nachzulesen. Die Arbeitsgänge wurden im Laufe der Zeit technisch modernisiert. Insbesondere Fensterteile werden industriell vorgefertigt oder sie werden vollständig hergestellt. Heutzutage gibt es für alle Teile, die in ein Haus gehören, auch für die Fenster, eine vorgeschriebene Norm, so dass letztendlich alle Teile austauschbar sind. Aber Wehe, wenn eine Glasscheibe entzwei geht, dann ist ein Glaser gefragt, der mit diesem besonderen Material umzugehen versteht.

Mit dem Einbau von Fenstern in die Behausungen kamen sowohl Licht in die Räumlichkeiten als auch deren Wetterschutz. Dafür nahm man einfaches Tafelglas, das auf bestimmte Größen und Formen zugeschnitten wurde und fügte die kleinen Scheiben wiederum zu größeren Holz- oder Bleifenster zusammen.

Die ersten Glasfenster wurden im Mittelalter in Kloster- und Kirchenbauten eingesetzt, indem Butzenscheiben mit Bleiruten kunstvoll verarbeitet wurden und später folgten dann die Klarsichtgläser. „Der Herr beschütze Korn und Wein – Der Hagel schlag die Fenster ein", so lautete denn auch gelegentlich die Inschrift mancher Glaserwerkstatt, scherzhaft um die Kundschaft anzulocken.

In Anklam bildeten die Glaser von 1574 bis 1807 ein eigenes Amt. In der Hierarchie der ansässigen 24 Gewerke des dritten Handwerkerstandes standen die Glaser an der Spitze und den letzten Platz nahmen dagegen die Schwertfeger ein. In Ueckermünder bestand 1709 und 1710 eine Glasniederlage. Für diesen Glashandel an der Uecker schuf die Glashütte von Gundelach beim späteren Ferdinandshof die wirtschaftlichen Bedingungen. 1777 verzeichneten die 17 Städte Vorpommerns insgesamt 24 Glasermeister mit Gesellen und Lehrjungen. 1866 arbeiteten in Ueckermünde die Glaser Barthold, A., Barthold, C. und Seegert. In Pasewalk arbeiteten die Meister Decombre, Dittmann, Kumreich und Völker, die Stadt Usedom hatte die Glasermeister Balk, Carstens und Wegner. In Wolgast wurden die Glasermeister Hartmann, Peters, Schmidt, Segert und Simon in alten Akten überliefert.

Die Lehre bei den Glasern dauerte 3 Jahre. Der Glasermeister durfte keinen Jungen in die Lehre aufnehmen, der nicht lesen, schreiben und rechnen konnte sowie den Katechismus beherrschte. Andernfalls sollte der Meister es auf sich nehmen, den Jungen während der Lehre wöchentlich vier Stunden zur Schule zu schicken. Das war für den Meister oft eine schwierige Entscheidung, denn selbst ein Lehrjunge musste sein Tagwerk einbringen. Wegen des Lehrgelds verglich sich der Meister mit den Eltern, für Einschreiben und Aufdingen bezahlte der Junge auch ein geringes Entgelt.

Die Wanderschaft war den Glasergesellen auf drei Jahre vorgeschrieben, da sie ein „geschenktes Handwerk" führten war ihnen an jedem Ort eine festgelegte Unterstützung für Lohn und Unterkunft versprochen. Der Schutz-Patron der Glaser war der Heilige Lukas, an seinem Gedenktag, dem 18. Oktober, wurde unter den Glaser-Gesellen oft tüchtig gefeiert und meist über die Stränge geschlagen. Außerdem waren die Gesellen dafür bekannt, dass sie gerne den „blauen Montag" abhielten und damit einen zusätzlichen Sonntag einlegten. Dagegen wurde im 18. Jahrhundert von der Obrigkeit ein Verbot bei strenger Strafe erlassen, in der Folge erhielt dieses Verbot eine allgemeine Geltung für sämtliche Handwerks-Gesellen.

Das Meisterstück bestand bei den Glasern in der Anfertigung von mehreren aufwendigen Stücken. Gefordert wurden zunächst das Maßschneiden einer rechteckigen Fensterscheibe nach vorgegebener Zeichnung und das Einglasen eines hölzernen Fensterflügels. Schwieriger war die Herstellung von Bleiglasfenstern, sowohl einzelner Teile in runden oder ovalen Formen und von zusammengefügten Bleiglasscheiben: „es müssen fünfzehn Scheiben in ihrer Höhe und Breite akkurat geschnitten werden und auf allen Seiten scharf an den Kern des Bleis zu stehen kommen, dass Längs- und Querblei muss rechtwinklig und lotrecht ausgerichtet sein". Zuletzt sollte eine bleiverglaste Straßenlaterne angefertigt werden, was ebenfalls nicht unkompliziert vonstatten ging, denn Genauigkeit und Geschicklichkeit wurden vom Meister-Anwärter gefordert. Alle Arbeiten sollte der Geselle innerhalb von 8 Tagen unter Aufsicht in der Werkstatt des Meisters anfertigen, denn mögliche Fehlschnitte sowie anfallender Glasbruch gingen ebenfalls in die Bewertung ein, abschließend gaben die Altermänner dann gemeinsam ihr Urteil ab.

Noch im 19. Jahrhundert wurden die Bleiumfassungen vom Glaser selbst gefertigt. Gegossene Bleistränge in Längen von 60-80 cm wurden zu Rahmenfeldern geformt und diese miteinander verlötet. In Kirchenfenstern wurde die Bleirute als graphisches Mittel genutzt und die Glasscheiben farbig gehalten. Allgemein kamen aber Glasmalereien in Vorpommern, außer in größeren Stadtkirchen, relativ selten vor. Dagegen finden sich häufiger farbige Mosaikfenster.

Glasmacher

Die Arbeit in den Glashütten war früher eine körperlich sehr anstrengende Arbeit. Unter einer Gluthitze wurde sämtliches Glas mundgeblasen und in die gewünschte Form gebracht zu: Flaschen, Gläsern, später Ballons oder Lampen. Damit wurde der stark erhitzten zähflüssigen Glasmasse sprichwörtlich Leben eingehaucht, was schon starke Manneskräfte und kräftige Lungen erforderte. Ansonsten benötigten die Glasbläser nur wenige Werkzeuge und Hilfsmittel. Sie benutzten die lange Glaspfeife bzw. das Blaserohr, die Glasschere und eine Drehzange. Der Umgang mit der zerbrechlichen, leicht biegsamen Glasschmelze erforderte immerhin praktisches und auch künstlerisches Geschick. Erst dann konnte der zähflüssigen Masse die erforderliche Form gegeben werden. Nicht ohne Grund spricht man in der Entwicklung der Glashütten von Glasbläser-Familien, die dort lebten und arbeiteten. Die Arbeitsabläufe, ja die Fähigkeiten und Geschicklichkeiten im Umgang mit dem Glas wurden innerhalb der Generationen weitergegeben. Vom Holz beschaffen, Anheizen des Ofens, über das Blasen der Gebrauchsgegenstände bis zur Verpackung, selbst der Vertrieb - alle Arbeitsgänge erforderten einen durchdachten Ablauf. Während der Produktionszeiten brauchte man jede noch so junge Hand. Meist begann das reguläre Arbeitsleben mit 15 Jahren, und nach 20-30 Arbeitsjahren waren die Männer gesundheitlich stark gezeichnet. Die anhaltende Hitze in den Werkhütten machte dem Körper auf die Dauer zu schaffen.

Der Beruf des Glasbläsers war in früheren Zeiten nicht selten ein Wanderberuf. Neben den bekannten Grundmaterialien für Glas wie Quarzsand, Lehm, Kalk und Pottasche benötigte die Glasbläserei viel Holz, Torf und erst später Kohlen zum Feuern. Das fehlende Brennmaterial war oft der Grund zur Stilllegung einer Glashütte, die manchmal innerhalb weniger Jahre, manchmal erst nach Jahrzehnten geschlossen wurde. Der geschrumpfte Waldbestand bereitete den Waldhütern große Sorgen, denn damals wie heute gehörte der Wald zu den Naturschätzen des Landes, auch wenn er sich in privatem Besitz befand. So wurde die Glashütte geschlossen, um an holzreichen Orten wieder eine neue Glasmacherei einzurichten. Auch um, in den Wäldern Ordnung zu schaffen, z. B. nach heftigen Stürmen, wenn viel Windbruch nieder lag. Und so zog die Glasbläserfamilie um.

In Pommern holten die Adelsherren v. Stolzenburg, Bernd Otto v. Ramin und Hans Christian v. Schack vom Rittergut Stolzenburg (heute Stolec in Polen) die Glasbläser-Gebrüder Zänker ins Land. Auf ihrem Vorwerk (heute der deutsche Ort Glashütte) entstanden eine Glashütte sowie drei Wohnhäuser. Am 9. Juni 1665 nahm die Glashütte die Arbeit auf, die bald drei Glasbläserfamilien beschäftigen konnte. Der letzte Unternehmer, Rittergutsbesitzer Adolf Distel, übernahm die Glashütte 1904 und führte den Betrieb solange, bis die „Glashütte der Herrschaft Stolzenburg“ im Jahr 1929 als letztes Werk in Vorpommern geschlossen wurde. Die Stolzenburger Glashütte hatte zwei große Niederlagen in Berlin und Stettin geschaffen, um den beständigen Absatz der Waren zu gewähren. Um 1900 bestellten zeitweise bis zu vierzig Brauereien von Stolzenburg ihre Flaschen, darunter befand sich die Berliner Schultheiß-Brauerei. Noch zu Anfang des 20. Jahrhunderts arbeiteten hier 200 Arbeiter und erstellten eine Jahresproduktion von 6 Millionen Flaschen für Bier und Selters sowie 80000 Ballons für Wein. Inzwischen wurden die Öfen mit Steinkohlen, Holz und Torf befeuert. Von der alten Glasmacherzeit in der Ortschaft berichtet heute ein kleines Museum.

Nicht nur die Stolzenburger-Glashütte wurde bekannt, sondern auch Namen und Familien sind mit dem Glashüttenwesen in Vorpommern fest verbunden. So verhandelte beispielsweise vor über 300 Jahren in Stettin die schwedische Regierung mit dem holsteinischen Glasmachermeister Johann Jürgen Gundelach, um Anlegung einer Glashütte auf dem Scharmützelberg, dem heutigen Ferdinandshof. Gundelach warb Glashüttenarbeiter aus Holstein, Mecklenburg, Sachsen und Thüringen an, mit denen die Siedlungsstelle urbar gemacht und Betriebs- und Wohnstätten errichtet werden konnten. Es dauerte nicht lange, da stand hier die zweite Glashütte Vorpommerns, nach dem Standort Stolzenburg, in Arbeit. Johann Jürgen Gundelach war Glashüttenpächter und Glashändler zugleich, kümmerte sich selbst um den Vertrieb der Waren. Seine Glashütte stellte so genanntes grobes grünes Glas her, wegen der Farbe auch einfach Waldglas genannt, woraus Flaschen und Fensterglas entstanden. Auch auf dem nahe gelegenen Johannisberg (später Wilhelmsburg) entstand später ein Zweigunternehmen für feineres Glas, bekannt als Kreideglas. Der preußische König förderte diese Glashütte. Als die Brennholzvorräte zu Mitte des 19. Jahrhunderts an beiden Hüttenorten erschöpft waren, verlegte man die Glasfertigung in die unweit errichteten Ortschaften Meiersberg und Heinrichsruh des neuen Amtes Königsholland. Doch auch hier konnten die Glashütten nicht mehr lange arbeiten, der Holzbestand war zusehends geschrumpft, es gab kein Windbruch mehr und mit Kienholz allein konnte kein Ofenbrand bestehen.

Eine weitere vorpommersche Glashütte arbeitete seit 1833 in der Stadt Loitz. Sie wurde von Friedrich Lippert errichtet. Die zugleich erste Industrieansiedlung der Stadt fertigte zunächst grünes Hohlglas und medizinische Gläser, viele Waren gingen nach Rostock. Später gab es eine Niederlage in Stettin. Die 120 Arbeiter der Pommerschen Glashüttenwerke G.m. b. H. zu Loitz fertigten zu Anfang des 20. Jahrhunderts 2 Millionen Flaschen, Korbflaschen, Demijohns; 1 Million Verschlüsse und 5.000.000 Strohhülsen. Die Glasbläsergenerationen von Loitz arbeiteten fast 80 Jahre lang hier und erlebten bis 1912 eine wechselvolle Produktionsgeschichte.

Wohl die jüngste Glashütte in Vorpommern entstand in Damgarten zu Ende des 19. Jahrhunderts. Hier arbeiteten zeitweise 75 Arbeiter, die Flaschen aller Art herstellten. Anfang des 20. Jahrhunderts betrug die Jahresproduktion 2,5 Millionen Flaschen. Die Damgartener Glashütte hieß zuletzt Schutt & Ahrens GmbH und dann G. Hilbert GmbH und schloss 1913 ihre Pforten.

Getreidemüller

Mühlen waren im früheren Wirtschaftsleben Pommerns von grundlegender Bedeutung einmal für die Ernährung und zum anderen für den Handel. Die Leute bauten Getreide an oder kauften direkt das Korn und ließen es dann in der nahe gelegenen Mühle zu Mehl für das Hausbrot, den Kuchen oder allgemein für die Ernährung mahlen. Auch bei den Bäckern verlief die Produktionskette über die Stationen Getreideeinkauf, Mahlen und Backen. Nach Kriegen oder durch Missernten herrschte oft Getreidemangel und große Hungersnot kam über die Leute, weil die Felder verwüstet waren.

Für die Lage der Mühlenwerke wurden natürlichen Bedingungen ausgenutzt, immer wichtig war der Standort an Wasserläufen, Bächen oder etwa Anhöhen für eine gut laufende Mühlentechnik. Wassermühlen nutzen die Wasserkraft der pommerschen Gewässer und die Windmühlen den kräftigen Wind, der nicht nur an der See kräftig wehte. Ob Wasser- oder Windmühle, für die Qualität des Mahlguts waren die Mühlensteine bestimmend und diese gab es in Vorpommern nicht. Deshalb existierte ein unter Landesherrschaft stehender Mühlensteinhandel. 1617 erteilte Herzog Phillip Julius zu Wolgast dem Lübecker Marius Heinen auf 15 Jahre das Privileg Mühlensteine in das Herzogtum einzuführen.

Erste Mühlen in Anklam sind in urkundlichen Quellen seit 1428 nachweisbar, sie existierten sicherlich schon früher. 1428 wurde die Mühle vor dem Steintor erwähnt, es war eine Windmühle und wurde die „Mönchmühle“ genannt, weil sie ursprünglich den Augustinermönchen gehörte. Eine weitere Windmühle befand sich vor dem Peenetor seit 1645. Wassermühlen existierten auf dem Peenedamm und vor dem Stolper Tor sowie außerhalb der Stadt, aber zu den Anklamer Stadtdörfern gehörend, zu Görkeburg und in Bugewitz.

Wie in anderen Gewerken schlossen sich die Müller in Ämtern bzw. Zünften zusammen. Das Mülleramt zu Anklam existierte seit 1569. 1788 wurde dem Mülleramt in der St. Marienkirche ein Kirchenstuhl überlassen. 1862 erhielten die Statuten der Müllerinnung letztmalig ihre „ministerielle“ Bestätigung.

Der Arbeitsalltag war in den Mühlen war ursprünglich mit schweren körperlichen Arbeiten verbunden. Von morgens bis abends wurden die Kornsäcke entgegengenommen, gezählt und gewogen. Das Anheben,

Buckeln oder am Flaschenzug Hochziehen voller Getreidesäcke war schwer. Während des Mahlgangs musste immer wieder Korn aufgeschüttet werden, was der Meister streng kontrollierte. Das durchgelaufene Mahlgut wurde gesiebt und musste je nach Vermahlungsgrad wieder aufgeschüttet werden. Dann folgte das Abfüllen in Säcken und Abmessen, bevor das Mehl der Kundschaft übergeben werden konnte. Am Ende war die Mühle zu reinigen und periodisch die Wellenlager zu schmieren, verschlissene Teile auszuwechseln und in Abständen die Mahlsteine nachzuschärfen.

In der Regel beschäftigte der Müllermeister 2 oder 3 Gesellen. Der Meister führte die Aufsicht, der erste Geselle (der Bescheider) war für die Annahme und Abgabe des Mahlguts verantwortlich, der 2. Geselle für den Mahlgang und ein Müllerbursche (Lehrling) für das Aufräumen und Fegen.

Aufgrund der natürlichen Bedingungen der Antriebskraft gab es immer wieder Schwierigkeiten bei der Mühlenarbeit. Wassermühlen konnten fast das ganze Jahr hindurcharbeiten, wenn die Wasserläufe in Ordnung waren, ausgeschlossen bei strengem Winter oder Niedrigwasser im Sommer. Es kam auch vor, dass eine Wassermühle stillgelegt werden musste, weil das Wasserbett ausgetrocknet war.

Mit den Windmühlen war es anders schwierig, die Mahlbetriebe waren jeden Tag von der Windkraft abhängig. Deshalb ließen die Windmüller bei günstigen Verhältnissen durcharbeiten, mitunter auch bei Nacht oder an Sonn- und Feiertagen, was den Kirchenherren nicht recht war.

Der alte Anklamsche Kreis, der sich 1794 von Anklam bis Pasewalk erstreckte, hatte 8 Wassermühlen und 36 Windmühlen. Im Usedomsche Kreis (einschließlich Swinemünde) arbeiteten 18 Windmühlen, davon lagen 10 Windmühlen im Amt Pudagla. 1830 kam die Benzer Holländerwindmühle in Betrieb, ein heutiges Wahrzeichen der Insel Usedom.

Über die Mühlen auf dem Lande, in den königlichen Ämtern, herrschte seit frühen Zeiten der Mühlenzwang. In Ueckermünde stand ab etwa 1728 eine Windmühle auf dem Klockenberg. Als Zwangsmahlgäste waren der Mühle die Orte Hammelstall, Berndshof, Karlshof, Mönkeberg mit Krug und die Ziegelei Bellin zugewiesen. Die Bauern dieser Ortschaften mussten bis 1810 das Mahlgetreide zur Mühle auf dem Klockenberg schaffen. Der Mühlenzwang sicherte den Müllern die Kundschaft und damit ihren Verdienst. Denn seinen Müllerlohn (die Matte) erhielt der Müller in Naturalien. Er bekam von der Kundschaft keine Barschaft, sondern ihm stand die Müllermetze zu, das war ein fester Teil der gemahlenen Mehlmenge. Damit er dazu noch eine kleine Begünstigung erfuhr, wurde die Müllermetze vom Maß her größer gehalten als die Metze für das Mahlgetreide. Einen kleinen Teil vom Mehl verwendete er für sich zum Eigenverbrauch, den größten Anteil verkaufte er weiter an die Bäcker oder an Händler. Erst über diesen Naturalientausch kam er zu seinem Geld.

Glockengießer

„Benediktus Hein bin ick genandt min Cluck steit in Godtes Handt" (Inschrift der Kirchenglocke von 1593, Lebbin.)

Seit alters her läuten Glocken zum Kirchgang, zur Einleitung von Fest- und Bußtagen, zu Hochzeit, Beerdigung, Dank- und Freudenfeiern, als Warnzeichen bei Feuer- und Hochwassernot, bei Unwetter und Sturm, bei feindlichem Einfall oder zur Friedensverkündigung.

Die älteste Glocke Vorpommerns besitzt die Pfarrkirche St. Marien in Jarmen. Sie wurde 1409 im Durchmesser von 94 cm mit besonderer Schönheit vom Glockengießer Johannes Karl gefertigt.

Eine bekannte Glockengießerei des Spätmittelalters befand sich auch in Rostock, die von Rickert de Monkehagen. Aus dieser berühmten norddeutschen Werkstadt finden sich Glockenarbeiten in vielen Städten des heutigen Mecklenburg-Vorpommerns, was durchaus üblich war, denn Glocken wurden früher vor Ort gegossen, so betrieben die Glockengießer nicht selten ein Wandergewerbe. Hilfskräfte wurden meist erst am Arbeitsort rekrutiert, entweder übernahm der Glockengießer per Kontrakt die Arbeit komplett oder die Gemeinden stellten selbst Rohstoffe und Material zur Verfügung, auch sorgten sie für Kost und Logis der Leute. So finden sich noch heute Glocken-Arbeiten von Rickert de Monkehagen in Anklam (Apostelglocke zu St. Marien 1450), Altentreptow (1431) und im Greifswalder Dom St. Nikolai (die 4020 kg schwere Bet- und Professorenglocke von 1440 und vermutlich älteste Glocke Greifswalds). Nach 1604 hatte der Glockengießer Roloff Klaßen für die St. Marienkirche zu Stettin die größte Glocke der damaligen Residenzstadt gegossen. Sie wog 150 Zentner und kostete 4000 Taler.

Für einheimische und fremde Glockengießer gab es in Pommern immer wieder Arbeit. 1621 bat die Stadt Wolgast die herzogliche Regierung um finanzielle Zuschüsse in Höhe von 100 Talern zur Anschaffung neuer Glocken für die St. Petri-Kirche. Von ehemals 8 Glocken waren nur noch 3 Glocken vorhanden bzw. benutzbar. Die Kirchen-Glocken wurden für die Ewigkeit gegossen, sie sollte über die Jahrhunderte hinweg ihre Aufgabe erfüllen. Doch traten auch verschiedene Umstände ein, die eine neue Glocke erforderten, z. B. durch Sprünge in der Glockenwandung, so verlor die alte Glocke ihren Ton - dann wurde sie umgegossen.

Der Glockenguss war durchaus ein handwerkliches Geheimnis, das in der Familie blieb, dann vom Vater auf den Sohn übertragen wurde, denn schließlich sollte jede Glocke unverwechselbar im Klang ertönen und dann als Geläut, abgestimmt mit den anderen Glocken, des Gotteshauses klingen.

Das Glockengießerhandwerk und die Technologie verlangten den Meistern einiges an handwerklichen Kenntnissen und Fähigkeiten ab. Als Gießmetall wurde allgemein Glockenbronze, auch bezeichnet als Glockengut oder Glockenspeise, hergestellt. Die Mischung sollte aus 78 Prozent Kupfer und 22 % Zinn bestehen. Jedoch gibt es über die Zusammenstellung der Materialien von den Glockengießern selbst keine Nachrichten, derlei Angaben konnten erst im 19. Jahrhundert durch chemische Analysen von altem Glockenmetall festgestellt werden. Neben dem Metall war die Rippe (Profil der Glockenwandung) ausschlaggebend für die Klangqualität. Nicht jeder Guss gelang beim ersten Mal. So erging es dem Stralsunder Glockengießermeister Hans Eise, der zu Johanni 1438 abends eine Glocke herstellte, die schon ein Jahr später wieder mit dem Eisenhammer zerschlagen werden musste. Bei einem weiteren Glockenguss hinter dem Stralsunder Katharinenkloster zersprang die Form und die flüssige Glockenspeise lief in die Erde, so dass der Guss zwei Wochen später wiederholt werden musste.

Der Glockenkörper zeichnet sich oft durch Verzierungen mit Zeichnungen und Inschriften aus, was heute besonders interessant erscheint. Als Inschriften wurden der Glocke oftmals bedeutende Bibelstellen und Gebetsformeln eingraviert, auch Sprüche zur Bestimmung der Glocke oder andere heute wertvolle geschichtliche Notizen sind hinterlassen. Meist beziehen sie sich zeitlich auf die Lebenswelt der Gießer und den Donator. Ein sehr bekannter Spruch, der vom 14. bis zum 16. Jahrhundert sehr verbreitet war, lautet: Help got Maria Vunde sancta Anna. In Variationen wurde verschiedene Heilige mit benannt.

War die Glocke gegossen und endlich aufgehängt, vielleicht 80 Meter hoch hinauf auf den Turm in die Glockenstube, wobei der Transport noch einmal schwierig wurde, durfte endlich kräftig gefeiert werden. Und die Glocke erhielt in würdiger Weise ihre kirchliche Weihe und Segnung und einen Schutzpatron. Doch brachte eine neue Glocke auch unvorhersehbare Nöte mit sich. Denn manchmal kam es vor, dass alle

Beteiligten sich verrechneten und die Glocke geriet in den Maßen zu schwer, so dass die mangelnde Statik des Kirchturms das Gewicht nicht tragen konnte und deshalb musste man separat neben der Kirche einen hölzernen Glockenstuhl aufrichten.

Ein großer Teil der alten Kirchenglocken gingen im 1. und 2. Weltkrieg verloren. Glocken zu Kanonen, das hatte Napoleon mit seinen Kirchen 100 Jahre zuvor vorgemacht. Bereits 1917 und 1940/1942 oder auch später wurden fast in jedem Ort Glockenabschiedsfeiern begangen, Glocken aus pommerschen Kirchen wurden noch Ende des 2. Weltkriegs in den Schmelzhütten Oranienburg, Hamburg-Wilhelmsburg und in der norddeutschen Raffinerie Hamburg eingeschmolzen.

Goldschmiede

Ein Goldschmied verarbeitete die edlen Metalle Gold und Silber, (heute auch Platin) zu feinem Schmuck und sakralen Gegenständen. Die Goldschmiede zählen zu den ältesten technischen Berufen. In der 2. Hälfte des 13. Jahrhunderts werden Goldschmiede bereits in 50 Städten des deutschen Reichsgebiets erwähnt. Besonders der Hansebund, aber auch die Konzentration kirchlicher und weltlicher Macht, förderten die Gründung von Goldschmieden. Lübeck als führende Hansestadt zählte während der Blütezeit des Städtebundes zu den führenden Goldschmiedestädten, Köln nahm bis ins 14. Jahrhundert den bedeutendsten Rang ein. Seit dem ausgehenden Mittelalter verlagerte sich das Schwergewicht auf süddeutsche Städte, zunächst auf Nürnberg und dann auf Augsburg, aber auch Residenzstädte wie Dresden und Berlin wurden Zentren dieses Handwerks.

In Vorpommern sind Goldschmiedemeister und Gesellen seit frühen Zeiten nachweisbar. Im Rügenschen Erbfolgekrieg Anfang des 13. Jahrhunderts zahlten die Mitglieder des Greifswalder Goldschmiedeamts zur Erhaltung des Landes eine freiwillige Steuer in Höhen von 80 Mark. 1425 beschloss der Rat zu Greifswald Innungsartikel für die Goldschmiede. Die noch erhaltene Stralsunder Amtsrolle stammt als Abschrift von 1587. Etwa um diese Zeit beschuldigten sich die Greifswalder und Stralsunder Meister beiderseitig wegen der Verwendung von unreinen Silbers. 1731 wechselte der Hofgoldschmiedemeister Severin, zuvor für Schloss Grabow und Schloss Altstrelitz tätig, nach Anklam. Vom 21. März 1735 stammt eine Generalprivileg für alle pommerschen Goldschmieden. Nach historischen Statistiken arbeiteten in der gesamten Provinz Pommern um die 1800 29 Goldschmiedemeister. In Wolgast arbeiteten um 1830 nachweislich die Goldschmiedemeister Heidenreich, Müller und Rebke.

Aus den geschickten Händen der pommerschen Goldschmiedemeister stammen Becher, Zuckerdosen, Löffel, Löffelchen, Fischgabeln, Sahnekännchen, Salznäpfe, Teesiebe, Vorlegeschaufeln, Leuchter, Verzierungen, Pokale, Patene, Deckelhumpen, Oblatendosen, Abendmalskelche, Taufkannen, Taufbecken, Klingelbeutelfassungen und kostbarer Schmuck in vielen Arten und Formen.

In der religiösen Zeit des Mittelalters zählten die Fürstenhöfe in Stettin und Wolgast, die Kirchen und Klöster in Anklam oder Pasewalk, sowie der ansässige Adel zu Penkun, zu den maßgebenden Auftraggebern für wertvolle Gold- und Silberarbeiten. Zu Lebzeiten der pommerschen Herzöge gehörte das Goldschmiedehandwerk im Umfeld der Residenzen zu den besser situierten und angesehenen Professionen. Die Meister lassen sich in den Städten als Hausbesitzer nachweisen und nicht selten finden sich Goldschmiedemeister im ersten Bürgerstand als Schwiegersöhne alter Ratsfamilien. Die besten Goldschmiedemeister erwiesen sich als kunstsinnige Juweliere, welche kostbare Diamanten und Perlen in Gold- und Silbermetall einfassten und verarbeiteten. Das aufgenommene Register des Schmucks der Wolgaster Herzogentochter Elisabeth Magdalena (1580-1649), anlässlich ihrer bevorstehenden Vermählung mit dem Herzog Friedrich Kettler von Kurland, beeindruckt noch heute. Das Verzeichnis wurde von verschiedenen Juwelieren und Goldschmieden aufgenommen und den Schmuckstücken der damalige Geldwert von insgesamt über 3000 Talern zugeschrieben. Darunter befand sich z. B. „ein Halsband mit einem Mittelstück mit einem großen und 20 kleinen Diamanten."

Die hohen technischen und künstlerischen Anforderungen des Handwerks bedingten eine verhältnismäßig lange Lehrausbildung. Die Lehrzeit trug bis ins 18. Jahrhundert hinein 4 Jahre, danach wurden 4 bis 6 Gesellenjahre, einschließlich der Wanderjahre, verlangt, ehe sich der Gold- und Silberarbeiter um eine Meisterstelle bewerben konnte. Dann war die Anfertigung eines Meisterstücks festgelegt, das zumeist in der Herstellung eines Ringes mit gefasstem Stein, einem geschnittenen Siegel und einem Trinkbecher der Wahl bestand.

Eine besondere Spezialisierung, wie im süddeutschen Raum in Silbergießer, Silberdreher oder Silberkistler, bildete sich in Vorpommern nicht heraus. Hier blieb es traditionell beim Gold- und Silberarbeiter. Gold wurde für kleine Formate, insbesondere für Schmuck, üblicherweise in Gusstechnik (durch Ausschmelzen oder im Sandgussverfahren) verarbeitet. Für größere Produkte, wie zum Trinkbecher, wurde zuerst Gold zu Blech geschmiedet, dann aus dem Blech der Hohlkörper geschlagen (aufziehen), eventuell der Henkel gegossen und angeschmiedet, und abschließend die Oberfläche durch angewandte Ziertechniken dem Ziselieren, Gravieren oder Emaillieren dekoriert. Oder es wurden in filigraner sehr aufwendiger Arbeit auserlesene Edelsteine mit Gold gefasst.

Das meist verarbeitete Material war aber Silber, das für viele „festliche“ Gebrauchsgegenstände des repräsentativen sowie religiösen Lebens zur Anwendung kam.

Gold und Silber waren zwei kostbare Materialien, die streng nach dem festgesetzten Gewicht berechnet und gehandelt wurden. So verwundert es heute nicht, dass bereits im 16. Jahrhundert nach Verordnungen der pommerschen Herzogshäuser die Einhaltung der Gold- und Silberqualität kontrolliert wurde, bei einer entsprechenden Androhung von Geld- und Leibesstrafe. Für Gold- und Silberwaren galt bis zur Einführung einer einheitlichen Maß- und Gewichtsordnung streng das Kölner Markgewicht. Auch ist die Frage wichtig, woher das wertvolle Gold und Silber kamen. Das kostbare Material konnten die Goldschmiede zum eigenen Werkstattbedarf von Privatpersonen oder aus der zuständigen Münze aufkaufen. Doch war ihnen streng untersagt den Handel mit Gold und Silber zu betreiben. Üblich war auch die Anlieferung älterer Silber- und Goldarbeiten vom Auftraggeber zum Einschmelzen. Eine Menge von diesen edlen Materialien steckte in den damals geltenden Münzen. Aber erst die Reichsmünzordnung von 1559 erlaubte dem Goldschmied das Brechen und Schmelzen von Münzen zum eigenen betrieblichen Bedarf.

Goldschmiedearbeiten einzelner Meister waren gewissermaßen auch ein Aushängeschild der vorpommerschen Städte, weshalb die Obrigkeiten der Gemeinwesen die Stempelung aller Stücke verordneten. Als Stadtbeschaumarken kamen jeweils die Anfangsbuchstaben des Stadtnamens (A für Anklam oder ein Wappentier usw.), also die Initiale der Städte oder das Wappensymbol zur Anwendung. Ab dem 16. Jahrhundert durften auch eigene Meistermarken mit Namenszug oder Zeichen verwendet werden und ergänzten die Stadtbeschaumarken. Als Drittes kam der Stempel für den Edelmetallgehalt hinzu. Durch das Reichsgesetz von 1884 galt eine allgemeine Stempelpflicht. Die Marken dienen heute den Fachleuten als wichtiges Hilfsmittel zur Bestimmung von Provenienz und Künstler.

Das Gewerbe der Goldschmiede stand wirtschaftlich auf soliden Grundmauern, zu großem Reichtum und politischem Einfluss der Gilde auf die städtischen Belange reichte es hier aber kaum. In Stralsund hielten sich die Meister schon ab 1435 eine eigene Armenstiftung für ihre Meister und Gesellen und deren Angehörige, die bis 1944 existierte. Und nicht selten mussten sich die Goldschmiedemeister gegen Übergriffe in ihr Handwerk schützen. 1793 zeigte der Goldschmiedemeister

Luchterhand des Anklamer Amts dem dortigen Stadtgericht an, dass der Gelbgießer Fleischer seit geraumer Zeit verschiedene Silberarbeiten verfertigte, wie für dem Maurer Leverenz seine Ehefrau eine Schuhschnalle, dem Schuster Rützel einen Pfeifenkopfbeschlag oder einen Löffel für die Witwe Pankow etc. Der Gelbgießer war wegen ähnlicher Delikte bereits vom Rat mit einer Geldstrafe von 3 Talern belangt worden. Diesmal kam er jedoch durch günstige Aussagen seiner Kunden davon: „Die Ehefrau vom Mauermeister gab an, dass die Schuhschnalle im Mecklenburgischen bei der Mutter angefertigt sei, obgleich daran keine Meister-Marke zu finden war." 1831 löste sich das Anklamer Amt der Goldschmiede auf, 1850 folgte die Stralsunder Goldschmiede. In Stralsund wurde das Amt 1857 neu gegründet und bestand dann bis 1928.

Hauszimmermann

Die Zimmermannsgesellen pflegen bis in die heutige Zeit hinein den Brauch der Wanderschaft, genau genommen wurde er von abenteuerlustigen Burschen wieder belebt. Auf der Wanderschaft führen sie oft das so genannte Bundgeschirr mit, das sind Bund- und Stichaxt, Winkel Stemmeisen und Klöpfel sowie die Handsäge. Jedermann kann sie erkennen an ihrer „zünftigen" Kleidung, an den schwarzen ausgestellten Manchesterhosen, der Manchesterjacke, einer schwarzen Weste mit Perlmutknöpfen und weißem Hemd. Der schwarze breitrandige Schlapphut wurde allerdings erst um 1900 üblich.

Dieser Berufsstand wurde früher allgemein als Hauszimmermann bezeichnet, auch um ihn vom Schiffszimmermann, den Bootsbauern zu unterscheiden. Allgemein sprach man auch von Zimmermann und Zimmerleuten, lat. carpentarii, die seit dem 13. Jahrhundert in Pommern urkundlich erwähnt werden.

1498 erteilte der Rat zu Greifswald seinen Zimmerleuten die Amtsprivilegien.

Nach einer Magistratsresolution der Stadt Usedom von 1694 arbeiteten hier 2 Meister. Am 26. Juni 1749 wurden die Statuten des Amts der Zimmerleute zu Ueckermünde bestätigt.

Demmin hatte 1790 2 Zimmerleute aufgeführt. 1797 legte sich das Amt der Zimmerleute in Lassan ein Amtssiegel zu, 1854 wurde deren Amtsrolle erneuert. Lassaner Zimmerleute wiesen um 1800 einen guten Ruf im Bauhandwerk nach. Die Meister und Gesellen fertigten Bauten in der weiteren Umgebung, bis nach Rügen und auf die Insel Usedom an.

Die Lehrzeit bei den Zimmerleuten im Jahr 1776 betrug nachweislich 3 Jahre. Vor der Lossprechung wurde der Lehrjunge „wegen des Lesens, Schreibens und Katechismi" geprüft und ermahnt „dass er Gott fürchten und vor Augen haben, und in seinem Gesellenstand sich christlich und ehrbar aufführen, vor liederlicher Gesellschaft, Spielen, Saufen, Huren, Stehlen und anderen Lastern sich hüten und seinen künftigen Meistern treu und fleißig dienen und denselben gebührenden Respekt erweisen soll." Nach Abschluss der Lehre hatte der Geselle drei Wanderjahre zu absolvieren, um danach als Polier arbeiten zu können.

Die frühesten Hausbauten waren wesentlich mit heimischen Materialien in Holzfachwerk ausgeführt, wozu der Zimmermann die tragende Holzständer-Konstruktion und den hölzernen Dachaufbau lieferte. Ohne die tüchtige und maßgenaue Holzarbeit des Zimmermanns ließ sich kein Haus errichten. Im Laufe der Zeit entstanden mit dem Städtebau auch die Spezialisierungen für Brunnen-, Brücken und Militärbauten. Bei der Einrichtung der Wasserversorgung mussten z. B. hölzerne Schachtbrunnen oder eine zentrale hölzerne Röhrenleitung (Pipen-Leitung) gebaut werden.

Mit dem Einzug der backsteinernen Häuser und den Backstein-Kirchen ging die Bedeutung des Handwerks zugunsten vom Maurer, Kalkbrenner und Ziegler zurück. Die Hansestädte gewährten seit dem 14. Jahrhundert eine finanzielle Hilfe für so genannte Baulustige, wenn bei einem Hausbau der Giebel aus Stein gezogen wurde. Denn die in Fachwerk gehaltenen Holzhäuser sowie die Scheunen und Speicher hatten sich über die Jahrhunderte als eine große Gefahr für Stadtbrände erwiesen. Auch um der allgemeinen Sicherheit willen veränderten sich die Bauverordnungen der Städte, so dass zunehmend feste Ziegelbauten entstanden. Doch blieben die Zimmerleute stets in Lohnarbeit gefragt. Zimmerleute mussten sich gut mit dem Gebrauchsmaterial Holz auskennen. Kenntnisse über Eigenschaften, Tragkraft und Widerstandsfähigkeit gegen Witterungseinflüsse der einheimischen Hölzer wie Eiche, Kiefer, Lärche, Fichte oder Tanne waren notwendig. Ein jeder Meister pflegte seine eigenen Methoden um die Qualität des Holzes herauszufinden und zu prüfen. Für den Klangtest ließ der Meister seinen Gesellen an einem Stammende mit der Axt klopfen und er selbst hörte am anderen Ende auf den Klopfschall. Kam der Ton schnell und kräftig an, so sollte es sich wohl um gesundes Holz handeln.

Zum Meisterbetrieb gehörten ein Zimmermannsplatz, wo das Holz gelagert wurde und eine geräumige Werkstatt. Auf dem Arbeitsplatz wurden grobe und sperrige Bauteile bereits exakt zusammengefügt und gekennzeichnet, damit sie sich vor Ort möglichst zügig zusammensetzen ließen. Um den An- und Abtransport sicher, auch bei schlechten Witterungen durchführen zu können, befand sich der Platz so gut es ging in der Nähe einer festen Straße. In der Werkstatt fertigte man die notwendigen kleineren Hausbauteile an, wie Fenster und Türen.

Die endgültige Schlussarbeit vollzog sich auf der Baustelle, wo die teilweise vorgefertigten Holzteile eingebaut wurden, dann erwies es sich, wer ein wirklich guter Zimmermeister war. Die Baulustigen merkten sich das sehr wohl und holten sich bei schlechter Arbeitsleistung einen Meister von auswärts. Stand das Gebäude in den Grundfesten, so wurde das traditionelle Richtfest mit Richtbaum und Krone begangen. Ursprünglich war die Feier nur den Zimmerleuten gewidmet, dieser Höhepunkt war mit dem Aufrichten des letzten Sparrens und dem Einschlagen des letzten Sparrennagels verbunden. Die Hammerschläge standen von alters her dem Bauherrn zu. Das Anbringen der Richtkrone wurde begleitet mit lauten Gesängen und Hochrufen der Handwerker. Ein Zimmermann sprach vom Dachstuhl aus den Richtspruch und hielt eine Lobrede auf den Bauherrn und natürlich auf die Bruderschaft.

Bei vielen (städtischen) Statistiken sind die Zimmerleute auf dem Lande kaum erfasst, in den domanialen Ämtern und Dörfern und auf den großen adligen Gütern. Der Zimmermann übte einen der wenigen Handwerksberufe aus, die in Pommern auch vor Erlass der Gewerbefreiheit auf dem Lande erlaubt waren, denn gebaut wurde dort zu allen Zeiten. Daher gab es auch in den Dörfern viel zu tun für den Bauhandwerker. Der Zimmermann setzte das Fachwerkgerüst und den Dachstuhl für das Bauernhaus, ebenso wurden bei den Mühlenbesitzern die Reparaturarbeiten durchgeführt.

Als der feste Steinbau in den Städten einzog, spezialisierten sie sich auf den hölzernen Dachbau mit seinen regionalen verschiedenen Formen, auf wärme- und schalldämpfende Decken- und Fußbodenkonstruktionen. Kleinere Arbeiten für Hoftore und Zäune aller Art blieben weiterhin bestehen, ebenso war ihre Arbeit bei alten Wohnhäusern und in den reparaturbedürftigen Kirchen gefragt. Spezialisierte Kenntnisse im Umgang mit historischen Arbeits- und Bauweisen sind dabei stets unerlässlich z. B. zum Austausch, zum Verstärken und Verlängern von Hölzern mit besonderen Verzapfungen, Überblattungen, Verkämmungen, Verdollungen usw.

Mit der wirtschaftlichen Entfaltung der See- und Hafenstädten gab es für die Zimmerleuten neue Perspektiven im Hafenbau, sie erbauten hölzerne Bollwerke und andere Schutzanlagen, die technisch gelöst werden mussten, um die Schiffe zu sichern und das feste Land vor Überflutungen. Das betraf besonders die Städte Anklam, Greifswald, Swinemünde, Stettin, Stralsund, Ueckermünde und Wolgast.

Nach 1900 eroberten neue, moderne Baustoffe wie Beton, Glas und Stahl die Architektur. Mit der „neuen Sachlichkeit“ wurde der Zimmermann nach 1920 aus dem großen Baugeschehen weiter zurückgedrängt. In den kleineren Städten blieb man den traditionellen Materialien verbunden und erst langsam vermischte sich Altes mit Neuem. Trotz mancher Mechanisierung und Einsatz von Maschinen in der Zimmerei, blieb der Charakter des Zimmerhandwerks erhalten und viele Arbeitsgerätschaften sind immer noch in Gebrauch. So ist die Zimmerei noch heute ein anerkanntes und geachtetes Handwerk.

Natürlich gibt es in der Geschichte auch merkwürdige Überlieferungen, bekannt ist, dass die Zimmerleute auch für die Errichtung von Galgen verantwortlich zeichneten und das bei jeder erteilten Todesstrafe. Von Wolgast wurde überliefert, das zum 23. August 1725 ein neuer Galgen aufgebaut wurde und das die Maurer, Zimmerleute, Tischler und Schmiede nach vollbrachtem Werk traditionell mit klingendem Spiel zum Galgenberg zogen.

Hufschmied

Der Volksmund sagt, ein Hufeisen bringt Glück ins Haus oder wehrt Böses ab. Den größten Erfolg verspricht ein Hufeisen mit drei Hufnägeln darinnen. In früheren Zeiten gab es auf jedem Bauernhof alt gediente Hufeisen, sie hingen an Haus- und Stalltüren, um die Bewohner und die Tiere vor jedwedem Unglück oder gar Krankheit zu schützen. Dabei wurde der Glücksbringer auch gerne verschenkt: beim Eintritt in die Ehe, Einzug in ein neues Heim, bei Berufsbeginn usw.

Die Hufschmiedearbeit wurde ursprünglich der Grobschmiede zugeordnet, deren allgemeines Standeszeichen der Hammer war. Auch besaßen die Hufschmiede in früheren Zeiten mehrere heilige Schutzpatrone, der wichtigste war der hl. Eligius (1. Dezember).

Bis zu Anfang des 20. Jahrhunderts gab es für den Hufschmied volle Auftragsbücher und er war ein gern gesehener Arbeitsmann, denn das Pferd hatte traditionell alle Arten an Transport- und Reiseverkehr zu verrichten. Die Menschen nutzten sie vielfältig als Reit-, Last- und Zugtiere im Handels- und Personentransport auf dem Landwege und in den Städten. Wer sich Pferde hielt, brauchte daher den Hufbeschlag, damit die Tiere gut instand gesetzt die Arbeiten verrichten konnten. Das betraf die reitende und die fahrende Post, den Klein- und Großbauern, den Rittergutsbesitzer auf dem platten Lande wie den Ackerbürger in den Städten usw. Kaum vorstellbar mehr, wie wichtig und nützlich der Besitz von Pferden im Alltag war.

In der herzoglichen Zeit gab es am pommerschen Hof dafür einen eigenen Wirtschaftsbereich. Nach dem Wolgaster Amtsverzeichnis um 1570 hielt Herzog Ernst Ludwig auf Schloss Wolgast 16 „reisige" Pferde, 4 Kutschpferde und 6 Hengste für seinen persönlichen Bedarf. In Wolgast stand deshalb unter dem „Amtsvolk" ein „Andreß, der Hueffschmidt" in regelmäßiger Arbeit.

1777 arbeiteten in den 17 Städten Vorpommerns insgesamt 70 Hufschmiedemeister, die Anzahl der Meister und Gesellen auf dem Lande lag bedeutend höher. Das Arbeitsgebiet des Hufschmieds umfasste hauptsächlich den Hufbeschlag von Pferden, aber auch die Herstellung eiserner Radreifen für den Wagenbau, mitunter auch die Herstellung sowie Ausbesserung von verschiedenen Gerätschaften wie Zimmeräxten, Beilen, Sensen, Sichel usw. Ursprünglich verfertigte der Hufschmied die zum Hufbeschlag benötigten Nägel auch selbst. Zu den besonderen Arbeitsgeräten zählten Hufmesser, Hufklinge, Hufraspel, Zange und Hufhammer. Diese traditionellen Arbeitsgeräte gab es über viele Jahrhunderte. Denn Hufeisen, welche vermutlich im 9. Jahrhundert erstmals verwendet wurden, erlangten für den Transport und Verkehr fast ebenso große Bedeutung wie Rad und Wagen.

Der Hufbeschlag am Pferd betraf das Umlegen von Hufeisen, d. h. das Hufeisen wurde abgenommen, der Pferdehuf musste abgefeilt und das alte Eisen wieder oder ein Neues angelegt werden, je nach Bedarf und Notwendigkeit, aber immer zum Wohl des Pferdes. Die Hufeisen wurden anfangs vom Schmied noch selbst geschlagen, dafür nutzte er die Winterzeit, um sich einen gewissen Vorrat anzulegen. Das Rohmaterial Eisen wurde zumeist über die Eisenkrämer beschafft. Als Brennstoff diente in Pommern vorwiegend Holzkohle, in einigen teilen West- und Nordwestdeutschlands wurde Steinkohle verwendet.

Die Prozedur des Hufbeschlags sollte für das Tier nicht länger als 30 Minuten andauern, sonst konnte es schwierig mit der Geduld des Tieres werden. Der Bauer hatte das Pferd kräftig festzuhalten, in die richtige Stellung zu bringen und den Huf so anzuheben, dass der Schmied zügig seine Arbeit verrichten konnte. Das Beschlagen des Pferdes erforderte einige Kraft und Geschicklichkeit, denn die alten Hufnägel mussten zuerst über dem Horn außen aufgebogen werden. Dann wurden sie mit dem kleinen Hufhammer zurückgeschlagen und mit der Abreißzange herausgezogen, um dann das Eisen abnehmen zu können. Jetzt wurde der freigelegte Huf mit Messern und Raspeln wieder in Form gebracht. Danach kam das angepasste Hufeisen drauf, alles musste genau sitzen, nach dem Einschlagen der Hufnägel wurden die hervorragenden Spitzen abgekniffen, andere überstehende Reste leicht angekrempt gegen das Horn geschlagen. Um Verletzungen durch Kanten zu vermeiden, erfolgte ein Feinschliff des Eisens, zum Schluss gings ans Einfetten.

Durch den ständigen Umgang mit den Pferden wurde der Hufschmied zum tierkundigen- und tierärztlichen Fachmann. Seine Kenntnisse zur Tierhaltung, Pflege oder Krankheiten der Pferde war immer gerne gefragt und oft bedeuteten sie auch Rettung in letzter Not. Ein lahmes Pferd war bei einem Hufschmied gut aufgehoben, denn er wusste manche spezielle Fehlstellungen wie Hufrehe, Hufrollenentzündung, Hornspalten etc. sachgerecht zu behandeln. Regelmäßige Hufpflege garantierte einen tiergerechten Gang und überhaupt Gesundheit der Pferde. Solche Experten zur Heilung von kranken Pferdefüßen nannten sich gelegentlich „Kurschmiede".

Für fachlich versierte, gute Huf- und Kurschmieden interessierte sich besonders das Militärwesen. Bedeutungsvoll ist, dass bis zum Ende des 1. Weltkriegs keine Armee ohne Pferde existieren konnte. Beispielsweise gehörten Ende 18. Jahrhundert zum Bestand der Pasewalker Kürassiere etwa 1500 Pferde, für deren Pflege regelmäßig 10 Hufschmiede (Fahnenschmiede) verantwortlich waren. In der Provinz Pommern wurden durch die Hufbeschlagschulen der stationierten Kavallerie- und Artillerieregimenter in Anklam, Pasewalk, Greifswald und Demmin, ab 1861 auch zivile Meister fachgerecht weitergebildet.

Überall erforderte der Beruf des Hufschmieds umfangreiches Wissen und Fähigkeiten. Deshalb wurde 1884 in Preußen ein Gesetz über den Betrieb des Hufbeschlaggewerbes erlassen. Als Meisterstück mussten vom Gesellen unter Aufsicht einer erfahrenen Prüfungskommission und im Beisein eines Tierarztes 2 Hufeisen angefertigt und dem Pferd angepasst werden. Nach 1900 entstand in Charlottenburg für Preußen eine zentrale Lehrschmiede zur Ausbildung von Lehrschmiedemeistern, der bald Lehrschmieden auf der Ebene der pommerschen Provinz in Stettin und Stralsund folgten.

Gegenwärtig ist eine Renaissance des Pferdes zu erleben, verschiedene Pferdesportarten, Reittouristik und Pferdezucht leben erneut auf und damit ist das gute alte Handwerk wieder gefragt. Natürlich hat sich einiges inzwischen geändert, denn das Hufeisen wird nicht mehr von Grund auf selbst geschlagen. Mittlerweile wird mit Rohlingen gearbeitet, die bereits die typische U-Form besitzen und deren Schenkel schon Nagelfalz und Nagellöcher aufweisen. Vieles mag sich geändert haben, doch Hufeisen bleibt Hufeisen - eine besondere Magie haftet ihm auch heute noch an.

Hutmacher

Ursprünglich wurden Hüte vom Filzmacher gefertigt, der aus dem Filz außerdem verschiedene andere Bekleidungsstücke herstellte wie: Mäntel, Schuhwerk (Pantoffel), Gamaschen oder Reitsocken, auch wärmende Decken. Filz war ein besonderes alltagstaugliches Material, denn als textiles Flächengebilde wurde es aus Wolle oder anderen Tierhaaren in spezieller Bearbeitung hergestellt. Und einheimische Wolle war reichlich vorhanden. Heute entdeckt das Kunsthandwerk die modische Kopfbedeckung in ursprünglichen Formen wieder. Darüber hinaus wird aus dem zugearbeiteten Naturmaterial ebenso modische Oberbekleidung hergestellt, was einer modischen Weiterentwicklung dieses alten Handwerks gleichkommt.

Das Gewerbe der Hutmacher ist eine Spezialisierung der Filzmacherei und es dauerte einige Zeit, bis man sich der modischen Kopfbedeckung annahm. Die mittelalterlichen Handwerker nannte man auch noch Hotfilter, das war ganz einfach abgeleitet von Hut und Filz und ein jeder wusste, das ist ein Hutfilzer.

1524 wurde zwischen den Städten zwischen Hamburg, Lübeck, Lüneburg, Mölln, Rostock und Wismar eine allgemein geltende Vereinbarung über die Behandlung der Gesellen auf der Wanderschaft getroffen. Sie betrafen die freie Unterkunft und Essen sowie Vermittlung an die Meister. An diese Festlegungen hielten sich auch andere vorpommersche Städte. 1556 gründeten die Anklamer Hutmacher eine Zunft. Das Privileg wurde von Herzog Philipp Julius 1609 herzoglich bestätigt.

In den meisten Amtssiegeln der Hutfilter ist ein mit zwei Krempen aufgesteifter Hut zu sehen. In der Regel waren für die Hutmacherlehre drei Jahre vorgeschrieben. Als Meisterstück mussten die Gesellen innerhalb von acht Tagen einen Hut von ganz feinem Haar, einen von Kamelhaar und einen von guter Wolle verfertigen. In Pommern war es Brauch, dass die wandernden Hutmachergesellen am Sonntag von den ansässigen Hutmachergesellen in Greifswald oder Pasewalk im Wirtshaus freigehalten wurden. Das erregte bisweilen einigen Unmut bei der Bürgerschaft und Meistern wegen des zügellosen Benehmens der jungen Männer. Um den Trinkgelagen entgegenzuwirken, die meist in Raufereien endeten, war entschiedene Abhilfe dringend notwendig. Um 1800 wandelte man das Trinkgelage in eine Geldzahlung von 8 Schillingen um, 1826 wurde die Zechgabe auf 6 Schillinge gesenkt. Am Ende gingen die Gesellen doch immer wieder ins Wirtshaus, um zu feiern.

Die Hutmacher besaßen vor anderen Handwerksberufen einen nicht unwesentlichen Vorteil, sie konnten die Waren gut auf Vorrat arbeiten. Der Meister konnte also mit seinen Waren auf die umliegenden Märkte ziehen und Handel treiben. Großen Ärger gab es aber mit mittelmäßigen Meistern und den sogenannten Fuschern, die oftmals zum Hausieren aufs Land zogen und sogenannten Nahrungseindrang betrieben. Dem heimischen städtischen Hutgewerbe musste der Rat ebenso Konkurrenzschutz sichern gegen auswärtige Händler und Kaufleute. Öffentliche Markttage waren festgeschrieben und dann waren ebenfalls fremde Hutwaren zu den Markttagen erlaubt. Jedoch gab es auch hier feste Bestimmungen, die streng überprüft wurden. Beispielsweise durften die Händler zum Markt nur Hüte in einer bestimmten Anzahl feilbieten. Trotzdem gab es manche Querelen unter den Hutmachern. 1815 versuchten beispielsweise die mecklenburgischen Hutmacher in den pommerschen Städten Damgarten, Richtenberg oder Stralsund den Markt mit ihren Hüten in Beschlag zu nehmen. Aus Richtenberg kam die „ungeheure“ Nachricht, dass zwei Hutmacher aus Mecklenburg, an einem einzigen Markttag den Bürgern zusammen 29 Hüte verkauften. Die Hutmacher aus Gnoien übertrafen sich gegenseitig im Hausierhandel und statteten die pommerschen Dörfer Pantlitz und Tribohm komplett mit Hüten aus, sodass der Bedarf der Bauern nach Kopfdeckung über Jahre gedeckt schien. Und ähnliche Beschwerden gab es regelmäßig.

Die Hutmacherei erforderte einige Geschicklichkeit und Kraft in den Händen. Die Meister und Gesellen erzeugten das Haarmaterial noch ganz und gar in eigenen Werkstätten. Als Erstes mussten die aufgekauften Felle mit verdünntem Scheidewasser, das Quecksilber und Arsenik enthielt, gebeizt werden, um die Haare besser herunter schneiden zu können. Dann erfolgte die Hauptarbeit: das Fachen. Dafür war ein Fachbogen notwendig (erfunden im 15. Jahrhundert), eine etwa 2 Meter lange gebogene Stange, mit dem die gebeizten Haare durch Schwingen aufgewirbelt (in Flocken geschlagen) wurden, bis sie eine flaumige Schicht bildeten. Durch den Bogen entstand von Anfang an die dreieckige Form. Mehrere solcher Fache wurden mit dem Fachsieb weiter verdichtet und anschließend zusammen gefilzt, bis die riesige kegelförmige Mütze (Trichter) entstand. Danach erfolgte das Walken in einem Kessel. Der Hut sah bis dahin wie ein Topf aus, deshalb wurde er jetzt in Form (fassoniert) gebracht. Die Kopfform wurde ausgestoßen, der Rand aufgebogen und glatt gezogen. Anschließend erfolgten einfärben, trocknen, nochmals waschen und trocknen. Sollte der Hut besonders steif werden, wurde Leim aufgetragen und die Rohform über dem Ofen gedämpft, sodass der Leim völlig in den Filz einzog. Als letzte Arbeiten kamen verschiedene Zurichtungen an die Reihe: Bügeln, Bürsten, Futter und Schweißbänder einnähen, Hutkrempe umsäumen, Ausstaffieren mit Band, Tresse oder Federn.

Ende des 18. und Anfang des 19. Jahrhunderts wurden neben Wolle und Biberhaaren erfolgreich neue Materialien verwendet, das waren feine Seide und einfaches Stroh. Beide Materialien verlangten moderne Techniken. Aus dem Seidenhut entstand kombiniert mit einer Metallfeder der schwarze klappbare Zylinderhut zum Frack. Der Zylinderhut für den Schornsteinfeger entstand ähnlich.

Die Heimat der Strohflechterei war Italien, doch auch im deutschen Norden, im vorpommerschen Penkun, beherrschte man die Strohhutflechterei bestens. Penkuner Strohhüte waren eine beliebte modische Ware auf Berliner Märkten.

Im Verlauf des 19. Jahrhunderts konnte die Hutherstellung mechanisiert werden, wodurch einige Erleichterungen geschaffen wurden. Die Einführung der Fachmaschine verdrängte die herkömmliche Technik des Fachbogens. Ab 1870 kamen industriell gefertigte Wollhüte auf dem Markt. Damit konnte der Hut preiswerter verkauft werden und fand rasche Verbreitung. In der Folge wurde das kleine Handwerk der Hutmacher zusehend vom Markt verdrängt. Viele Hutmacher kauften selbst von der Industrie Halbfabrikate ein (sogenannte Stumpen) und beschränkten sich auf das Ausstaffieren. Einigen Hutmachermeistern blieb selbst nur der Übergang zum Huthandel.

Klempner

Das Klempnerhandwerk hat lange historische Traditionen, ja es lässt sich bis ins späte 14. Jahrhundert zurückverfolgen, das erstaunt sicher manchen Zeitgenossen. Die für Norddeutschland typische Bezeichnung Klempner geht ursprünglich auf die Geräuschkulisse beim Hämmern auf das Blechmaterial zurück, denn abgeleitet vom althochdeutschen Wort „klampern" bedeutete es „Lärm machen" wie Sprachkundler herausfanden. Andere bekannte Bezeichnungen wie: Blechschmied, Blechner oder Blechschläger bzw. Blechenschläger (Bremen) oder Blickenschläger (Hamburg) wurden nach der speziellen Tätigkeit und dem Material benannt.

In den meisten Städten, wie z. B. in Anklam, waren die Klempner zugleich Leuchtenmacher und nannten sich dann auch so. Die alltäglichen Gebrauchslaternen waren kleine geschlossene Hohlkörper, in denen ein Kerzenlicht brannte. Im Mittelalter waren sie ein übliches Beleuchtungsmittel, dass die Leute außerhalb geschlossener Mauern bei sich führten. Einfache Leuchten aus Blech anfangs als Handlaternen, zu verschiedensten Zwecken waren in dunklen Jahreszeiten lebenswichtig.

In der Neuzeit konnte der Klempner seine Produktpalette wesentlich erweitern. Er fertigte in der Folge Laternen für die stationäre Beleuchtung auf Hauptstraßen und wichtigen Plätzen der Stadt, für den Boots- und Schiffbau und mobil als Handleuchte. Allseits bekannte Gebrauchsgüter des Alltags wurden nun aus Blech angefertigt, da sich das einfache Blechmaterial bewährt hatte und seine Herstellung durch technische Neuerungen vereinfachte.

Bis um 1750 fertigte der Klempner alle Gerätschaften aus Schwarzblech und der Gebrauch von Kupferblech war ihm zum Schutz des Kupferschmiedehandwerks verboten. Mit der massenhaften Produktion von Weißblech, dem verzinnten Eisenblech, seit der Mitte 18. Jahrhunderts konnte der Klempner seine Tätigkeit auf den massiven Hausbau ausweiten. Dazu gehörte die Anfertigung von Dachrinnen und Ablaufrohren, die hauptsächlich aus Weißblech gearbeitet wurden, wenn auch zunächst in bescheidenem Maße.

Der gezielte Ablauf von Regenwasser generell an öffentlichen und privaten Gebäuden in den Städten wurde zum Schutz des Mauerwerks, der Straßen- und Wegeführungen in den Polizei- und Städteordnungen aufgenommen. Nicht zuletzt handelte es sich auch um den Schutz der Passanten. Anklams mittelalterliche Giebelhäuser stießen mit den Dachflächen aneinander und waren traditionell nur mit Holzdachrinnen ausgestattet. Dabei ragten in der Regel die Rinnen über die straßenseitige Hausfront etwas hervor und endeten ohne Abfallrohr. Bei starkem Regen ergoss sich das Wasser vom Dach herab auf die Straße, was im Laufe der Zeit den Ärger der Bürger nach sich zog. Aus anderen Städten hörte man von ebensolchen Beschwerden. Die Städte sahen sich veranlasst eine allgemeingültige Reglung herbei zuführen. Zunächst wurden die Holzrohre mit Blech verkleidet und nun auch Rohre von der Hauswand auf die Straße in den Rinnstein abgeführt. Die Klempner hatten mit diesen neuen Verordnungen alle Hände voll zu tun.

Mit der Erfindung des verzinkten Eisenblechs 1810 durch die Königliche Eisengießerei zu Berlin erhielt der Beruf neue Perspektiven. Das witterungsbeständige Material hatte sich längst als alltagstauglich bewährt und so wurde seine praktische Verwendung erweitert. Es eignete sich bestens im Bauhandwerk inzwischen gänzlich zu Dachrinnen, Ablaufrohren, Blechverkleidungen auf Kuppeln und Türmen, zu Dachkehlen, Einbau von Dachfenstern, Erkern, Gauben, Gesimsen oder Friesen. Die Schutzfunktion und Wetterbeständigkeit erwiesen sich als dauerhafte Qualitäten im Bauhandwerk.

Die Arbeitsbedingungen wurden aber komplizierter. Nun schleppte der Klempner neben Hammer, Zirkel, Falzzange, Spitzzange, Schere, Winkelmaß, Zollstock, verschiedene Meißel, hölzerne Gerüste, auch stets einen von ihm selbst angefertigten Blechofen, also Lot und „Lötflammer“, mit auf die Baustelle. Das blieb im Volksmund nicht unbemerkt und böse Lästerzungen verschrien ihn als „de Sünnenschmied“ im Gegensatz zum Grobschmied, der tagtäglich mit großem Feuer arbeitete.

Seit Anfang 19. Jahrhundert wurden neben Ziegeldächern auch vollständige Blechdächer hergestellt, was der Klempnerei Großaufträge einbrachte. Zum Einsatz kamen Eisenblech (vernietet), verzinntes Blech (gefalzt und verlötet) und Zinkblech in Tafelform, eben je nach Preisvorstellungen des Bauherrn. Als Materialunterlage diente eine Bretterverschalung oder die Dachsparren mussten dicht aneinander gesetzt sein. Die Qualität der Dachdeckung hing von dem eingesetzten Material und von der Gewissenhaftigkeit des Klempnermeisters und seiner Gesellen ab.

Mit der modernen Zeit in der zweiten Hälfte des 19. Jahrhunderts und bis nach 1900 legten sich viele vorpommersche Städte eine zentrale Gas- und/oder Wasserversorgung zu. Als Stettin 1848, Anklam 1856, Stralsund 1857 und Greifswald 1858 moderne Gasanstalten auf Steinkohlenbasis errichteten, mussten lange Zuleitungen sowie tausende Haus- und Wohnungsanschlüsse angelegt werden. Ebenso aufwendig gestaltete sich die technische Anlegung einer zentralen Wasserversorgung und Kanalisation: Anklam 1905, Swinemünde 1910, Pasewalk 1926. Aus dem traditionellen Klempner wurde durch die zentrale Versorgung mit Gas und Wasser, mit folgendem privaten Anschlussbedarf von modernen Wasch- und Badeeinrichtungen, ein „Wasser-, Gas- oder gar Heizungsklempner" und damit ein Vorläufer des heutigen Installateurs.

Köhler

Die Herstellung von Holzkohle und die Arbeit der Kohlenbrenner bzw. Köhler hat es in Pommern überall gegeben. Wichtige Abnehmer von Holzkohle waren vor allem die Metall verarbeitenden Gewerke wie die Eisenschmiede, Klempner, Kupferschmiede, Messerschmiede, Gelbgießer, Glockengießer oder auch die Nadler. Mit den Kohlen konnten hohe Temperaturen in der Esse erreicht werden, um das starke Eisen zu erhitzen, zu formen und weiter zu verarbeiten. Davon ausgehend war das Köhler-Gewerbe namensgebend für Familien und symbolträchtig für die Wappendarstellung des Adels.

Schon im 16. Jahrhundert existierten in Vorpommern, in den damaligen Ämtern Jasenitz und Ueckermünde, bekannte Hammerwerke in denen Eisen und Stahl erzeugt wurde weit über die Landesgrenzen hinaus. Der einheimische Handwerksbedarf wurde allemal abgedeckt, doch wurde für die Verarbeitung von Eisen hochwertiges Brennmaterial in großen Mengen benötigt. Als der Eisenhammer zu Jasenitz durch Meister Adam Specht neu eingerichtet wurde, garantierte ihm der pommersche Herzog Ernst Ludwig Sonderprivilegien. Per Vertrag wurde ihm gestattet in 14 Meilern Kohlen brennen zu lassen, auf „schlesische Art“, jeder Meiler konnte 16 Klafter breit sein. Das Holz konnte er jeder Zeit bei den Amtleuten kostenfrei anfordern lassen. Auf dem Hammer arbeiteten um 1585 zwei Schmelzer, zwei Schmiede, zwei Eisengräber, vier Köhler und drei Kohlenschipper.

Einen ähnlichen Vertrag gab es 1585 für das Hammerwerk Neumühl an der Randow bei Eggesin. Allerdings musste der dortige Hammermeister Balzer Tapfert das Holz für 14 Meiler auf eigene Kosten im Wald schlagen, anfahren und brennen lassen.

Mit den aufkommenden Eisengießereien Ende des 18. und im 19. Jahrhundert und bevor die Steinkohle Einzug hielt, erhöhte sich der Bedarf nach heimischem Brennmaterial noch einmal stark. Im Betriebsjahr 1853 produzierte beispielsweise die Königliche Eisenhütte Torgelow an 34,5 Wochen im Jahr und erzeugte 6319 Zentner Eisen. Für die Eisenschmelze und das Frischen benötigte man an Brennmaterial 683 Fuder Holzkohlen. Zur Sicherung des Brennstoffs hatte das Torgelower Werk seit Anfang seines Bestehens Kohlenbrenner angestellt.

Die Meiler der Kohlenbrenner lagen auf Lichtungen oder Schneisen im Wald wie die Betriebsstätten der Teerbrenner und Aschenbrenner. Aus trockenem Holz machten die Köhler einen kräftigen Brennstoff, die Teerbrenner flüssigen Teer und schließlich die Aschenbrenner schwarzgraue Asche für die Glashütten, Gerber und zur Farbenherstellung.

Das Gewerbe der Kohlenbrenner war schon früh staatlich reglementiert, denn auch sie verbrauchten viel Holz und konnte somit die heimischen Wälder schädigen. Die erste Anweisung für die pommerschen Köhler stammt aus der Holz- und Jagdordnung von 1492, die Herzog Bogislaw X. auf dem Schloss Ueckermünde erließ: „Es dürfen aber die Teer- und Kohlenbrenner kein frisches Holz nehmen, sondern das Lager- und Leseholz, das in den Heiden herumliegt und am Strande antreibt, ansammeln, damit das junge Holz zum Wachstum kommen kann.“ War der hohe Holzverbrauch die eine Gefahr für den Waldbestand, so die Brandgefahr eine zweite nicht mindere Gefährdung für die Wälder. 1804 verordnete die preußische Regierung zum Schutz der Wälder an die pommerschen Kohlenbrenner, dass sie sich nicht 100 Schritt vom Meiler entfernen, und beim Weggehen für die gehörige und sichere Zuschüttung der Brandstelle sorgen sollten.

Das Köhlerleben hatte eigene Regeln, die Familien lebten oft einsam inmitten des Waldes und arbeiteten zu jeder Tageszeit. Wo die Meiler brannten, stiegen Rauchschwaden aus den Wäldern auf und verbreiteten einen typischen Brandgeruch. Jeder wusste dann, dass die Köhler arbeiteten. Über die dunkle Winterzeit blieb die Arbeit ruhen und begann wieder im Frühjahr. Die Technik des Holzkohlenbrennens war eine ganz alte Angelegenheit und hatte sich im Verlauf der Geschichte kaum verändert. Der Meiler musste sorgfältig aufgebaut werden. Dafür wurden die gesammelten und trockenen Holzknüppel pyramidenförmig um einen Pfahl oder Zündungsschacht aufgestapelt. Abschließend wurde der Stapel mit einer Schicht von Streu, Gras oder Moos abgedeckt. Um den Meiler vollends luftdicht zu machen, wurde er mit Sand abgedeckt. Dann steckte der Köhler den Meiler über den Zündungsschacht an und verschloss ihn. Seitliche Öffnungen ermöglichten den Luftzug fürs Feuer, der wiederum ständig reguliert werden musste, damit das Holz nicht zu Asche verbrannte.

Erstaunlich ist heute noch die breite Produktpalette, die von Köhlereien angeboten wurde: Holzkohle aus Eichen- und Buchenholz für Gießereien. Holzkohlenstaub doppelt geglüht und besonders zubereitet für Destillateure. Holzkohle pulverisiert als Düngemittel in der Landwirtschaft. Holzzinders, teilweise gekohlte wasserfreie Holzblöcke für Lokomotivanheizung oder roher Holzessig zur Konservierung von Tierhäuten, Segeln und Tauen.

Korbmacher

„Nicht brech' was gebogen, geflochten ich mache - so sei eine rechte Korbmachersache“, so lautet ein alter Handwerkerspruch. Denn die Korbmacherei ist ein altes Handwerk, sie erforderte die Geschicklichkeit und Kraft der Hände, kleinere Werkzeuge und vor allem die Kenntnisse der Naturmaterialien in Feld und Wald. Korbflechterei ist älter als die Töpferei oder die Glasmacherei. Bevor es feste Gefäße aus Ton oder Glas gab, fertigte man allerlei Flechtware aus biegsamen Stroh, Rohr oder Weide an. Der älteste Fund für einen historischen Flechtnachweis stammt aus der Stein- und Bronzezeit. Mit der weiteren Ausbildung und Vervollkommnung der Fertigkeiten entstanden nützliche und schöne Gebrauchsgegenstände. Anfangs entstanden notwendige zweckgebundene Gebrauchswaren wie Wagenkörbe, Tragekörbe, Siebe, Mühlkörbe, Gemüse- und Obst- oder Kartoffelkörbe für den Transport, zum Abmessen und zur Lagerung der verschiedenen Waren. Weitere nützliche Dinge für den Hausgebrauch kamen im Laufe der Zeit hinzu wie Einkaufskörbe, Wäschekörbe, Flaschenkörbe, Blumenständer, Ausklopfer, Papierkörbe, Tabletts, Untersetzer ja sogar Fahrradkörbe. Naturmaterialien erweisen sich heute mehr denn je im Trend der Zeit.

Die alte Korbmacherei war zum regelmäßigen Lohnerwerb von anderen Gewerken abhängig und gewissermaßen ein Zulieferer- oder Zweitgewerk. Beispielsweise in der pommerschen Bienenhaltung, denn die Bienenzüchter benutzten Körbe, die noch im 18. Jahrhundert aus Flechtwerk gebaut wurden. Da ging mancher Auftrag an den Korbmacher, der aus Roggenstroh oder gespaltenen Weiden verschiedene Flechtbauten für die fleißigen Immen herstellte. Das runde Strohgeflecht mit Deckel und Flugloch z. B. wurde zusätzlich von außen ringsherum mit Lehm bestrichen und abschließend auf einer stabilen Unterlage befestigt. Die Körbe aus festen Weidenruten dagegen waren von festerer Qualität, so dass sie von selbst hielten.

Aber auch die Fischerei stellte ihren Bedarf an den Korbmacher. Die Flussfischer setzten in den Mündungen von Peene, Swine und Uecker ihre Fischkörbe aus, meist auf den ziehenden Aal. Einige Erfahrung und Kenntnisse für den Fischfang brauchte es da schon für solche spezielle Flechtarbeit, die oft maßgerecht gefertigt wurde.

Während der Kriegszeiten wurden Korbmacher z. B. bei der Artillerie beschäftigt, das waren die sogenannten Schanzenkorbmacher; die Weidenkörbe wurden mit Sand und Steinen befüllt und sollten die Mannschaft z. B. vor feindlichem Beschuss beim Ausheben eines Grabens schützen. Im späteren Küstenschutz, insbesondere beim Deichbau, diente so ein befüllter Schanzenkorb dagegen als feste Baumaßnahme gegen Deichdurchbrüche.

1792 zählte man in den 16 Städten des preußischen Vorpommerns (ohne den schwedischen Teil) 7 Korbmachermeister und 1805 waren 13 Werkstätten registriert. 1822 arbeiteten in der gesamten Provinz Pommern 59 Meister, auf eine Bevölkerungszahl von 13572 Menschen kam ein Korbmacher. 1846 meldete die Statistik 122 Meister, auf eine Bevölkerungszahl von 9550 Menschen kam ein Korbmacher.

Als Flechtmaterial verwendeten die Handwerker seit eh und je biegsame Ruten von Weiden, Linden, Reben, Hartriegel und auch Haselnuss. Korbweide (Salix viminalis) ist sehr biegsam, zäh und dauerhaft. Sie wurde unter verschiedene Namen bekannt wie Bandweide, Fischerweide, Grundweide, große Krebsweide, große Korbweide, Hanfweide, lange Haarweide, Spritzweide, große Flachs - oder Haarweide, Uferweide, Arintsweide, Kneyenbusch, Elbweide, Seilweide oder Wasserweide. Solche Flechtware von der Weide war sehr geschätzt, weil sie langlebig und wegen der heimischen Umgebung auch preiswert war. Die Weide wuchs scheinbar wild an Flüssen oder Bächen, wurde dann Ende des 18. und Anfang des 19. Jahrhunderts mit dem Niedergang der kleinteiligen Dreifelderwirtschaft gezielt als Windschutzstreifen oder als Flächengrenzmarkierung angelegt.

Selbst in den Städten bzw. deren Umgebung widmete man sich zugunsten der Korbmacherei dem Weidenanbau zu. Von den Magistraten wurde nicht selten das Privileg für eine Korbmacherei zugleich mit der Zuweisung einer landwirtschaftlichen Fläche zum Weidenstrauchanbau vergeben. Beispielsweise entstand in Ueckermünde mit Genehmigung des Magistrats Anfang des 19. Jahrhunderts an der Kreuzung Stettiner Landstraße, Eggesiner Straße und Neuendorfer Straße (etwa alter Busbahnhof) eine Weidenzucht für den Korbmacher. Auch die Provinzialhauptstadt Stettin war zu Mitte des 19. Jahrhunderts an der Peripherie mit Weidenkamps umgeben.

Im 19. Jahrhundert konnte das Handwerk noch einmal seinen Stellenwert erhöhen. Neben den praktisch nützlichen Aspekt der Waren trat das Design hinzu. Korbmacher wie die Meister Abb (um 1848) und

Dust (um 1871) aus Greifswald präsentierten moderne Gartenmöbel auf Garten- oder Möbelausstellungen. In Mode kamen viele kleinteilige Behältnisse für Haushalt und Wohnkultur. Besondere Berühmtheit erlangte vor allem ein Sitzmöbel des Rostocker Korbmachers Wilhelm Bartelmann fürs Freie: der Strandkorb, das darf man nicht unerwähnt lassen. 1906 entwickelte der Rostocker Korbwaren-Fabrikant Johann Heinrich Theodor Falk, ehedem Lehrling bei Bartelmann, einen Zweisitzer, dann den Strandkorb mit verstellbarer Rückenlehne, den Halblieger und 1910 einen zweiteiligen Liegekorb, den Strandkorb von heute. Die Erfindung des Strandkorbs fand auch auf der Insel Usedom eine entsprechende Nachahmung. Heute steht der Strandkorb an jedem Ostseestrand und erwartet Bade- und Sommergäste. Die Strandkorbmanufaktur in Heringsdorf gilt bei uns als älteste, noch produzierende Einrichtung. Mehr als 250000 Strandkörbe verließen den Handwerksbetrieb seit seiner Gründung im Jahr 1925.

Kuchenbäcker/Konditor

Mit der Spezialisierung im zünftigen Bäckerhandwerk unterteilte sich das Gewerbe einmal nach Losbäcker, bekannter als Kuchenbäcker und zum anderen in den Fest- oder Fastbäcker, bekannter als Grobbäcker. Kuchenbäcker, verarbeiteten backtechnisch hauptsächlich Weizenmehl zu „lockerem" Weizenbrot, Semmeln und vor allem feinen Kuchen. Festbäcker dagegen verarbeiteten weißes und dunkles Mehl zu „festen" Backwaren wie Roggen-, Hafer-, Gersten- oder Schrotbrot und auch zu Semmeln. Mit dieser Abgrenzung entstand bis zur Einführung der Gewerbefreiheit ein wahrhaft zünftiger Richtungsstreit unter den Bäckerleuten, denn die Los- und die Festbäcker bildeten beide eigene Ämter wie in Stralsund, Greifswald und Stettin, die nach eigenen Zunftgesetzen arbeiteten. Im Grunde war dies nichts anderes als eine Arbeitsteilung, wodurch jedem Meister seine Arbeit und der Lohn gesichert werden sollten. Ein jeder sollte sich aus dem Arbeitsbereich des anderen heraushalten, doch waren die Unterschiede deutlich. Die Losbäckerjungen mussten eine längere Lehrzeit als die Festbäckerlehrlinge absolvieren und betrachteten sich aus diesem Grund als besser ausgebildete Bäcker. In Anklam verstieß es beispielsweise gegen die Ehre eines Losbäckermeisters einen Festbäckergesellen in seine Backstube aufzunehmen, mitunter war dafür in den Amtsstatuten eine Disziplinarstrafe vorgesehen. Auch konnten die Losbäckergesellen jederzeit den Meisterbetrieb fristlos wechseln; ihre Konkurrenten, die Festbäckergesellen, hingegen mussten eine Kündigungszeit von drei Monaten einhalten. Hieraus entstanden schon bei den jungen Leuten Standesdünkel.

In den meisten pommerschen Städten sind sowohl Fest- als auch Losbäcker nachweisbar. Wolgast besaß beispielsweise 1677 und 1678 mit den Meistern Wegner und Silberschmied zwei Losbäcker, die jedoch wie verzeichnet, später auswanderten. Anhaltende Streitigkeiten bestanden besonders in den größeren Städten wie in Greifswald, wenn es sich um die Brötchen- und Kuchenbestellungen zu den alljährlichen Festtagen handelte. Aber auch die Familienfeierlichkeiten wie traditionell die Kindtaufen, Hochzeiten, Beerdigungen, Promotionen usw. konnten einen guten Gewinn erbringen. Dann pochten die Kuchenbäcker absolut auf das Hausrecht und waren auch dem Mitbürger sehr gram, wenn er zur Familienfeier seine Bestellungen nebenan beim Festbäcker bestellte.

Wie andern Orts bildeten sich auch in Vorpommern unter den Kuchenbäckern weitere Spezialisierungen heraus, denen oftmals einheimische Rezepturen zugrunde lagen. Es gab neben dem Kuchenbäcker: Brezelbäcker, Fladner, Oblatenbäcker, Figurenbäcker, Lebzelter, Lebküchler, Pastetenbäcker, Pfefferküchler, Zuckerbäcker u. a., eben regionale und saisonale Besonderheiten. Die Gebäcke zählen noch heute zu den traditionellen Essgewohnheiten und wurden als Festgebräuche über Generationen hinweg weitergegeben. Tatsächlich gab es insbesondere zu Weihnachten aller Orten das große Kuchenessen, gleich ob Brezeln, Krapfen, Pfannkuchen, Wecken, Stollen, Strietz, Christbrote, Lebkuchen usw. nur sollte es süß und klebrig sein.

Historisch verschwanden in Pommern etwa Anfang 19. Jahrhundert die Bezeichnungen Fest- und Losbäcker nach und nach aus dem Sprachgebrauch. Die Leute gingen zum Brot- und Kuchenbäcker oder später zum Konditor. 1819 arbeiteten in Greifswald 4 und in Anklam 2 Konditormeister. Im Jahr 1864 verwöhnten der Konditor Retzlaf die 4500 Einwohner von Ueckermünde, die Meister Lichtenberg und Richter in Pasewalk ca. 7000 Bürger.

Die Kuchenbäckerei erlebte im Verlauf des 19. Jahrhunderts einen wirtschaftlichen Aufschwung, das hing nicht wenig mit den modernen Zeiten zusammen. In diesem Jahrhundert entstanden die Konditoreien, die in typischer Weise zum Kauf und Verzehr von feinsten Kuchen und Torten bei Kaffee im Grünen, denn in jeder kleinen Stadt entstanden Gartenlokale u.a. mit einheimischen Ausflugszielen, einluden. Die Norddeutschen bevorzugten zu den süßen Dingen einen schwarzen Kaffee oder Tee in verschiedenen Sorten. Der Geschäftsmann las dazu auch gerne das örtliche Zeitungsblatt, um schnell die Nachrichten und Neuigkeiten zu erfahren. Denn die Welt war inzwischen größer und moderner geworden.

Im Angebot der Konditoreien gab es bald spezielle Zuckerwaren, haltbare Biskuits, Gebäcke, Pralinen und Kekse, von denen einige Sorten schon seit Mitte des 19. Jahrhunderts fabrikmäßig erzeugt wurden und von den Bäckern über die Landesgrenzen hinaus bezogen wurden. Da lieferten Lübeck und Königsberg das berühmte Marzipan und aus Thorn kam Pfefferkuchen nach Greifswald oder Anklam. Die Entwicklung der fabrikmäßigen Fertigung brachte für die Erhaltung der Konditorei neue Herausforderungen. In Zeitungsannoncen um die Jahrhundertwende, wurden um die Kundschaft geworben und die feinen Süß- und Backwaren feilgeboten. Zum Weihnachtsfest 1891 ließ die Ueckermünder Bäckerei Retzlaff in der hiesigen Tageszeitung verkünden: „Meine Weihnachts-Ausstellung habe ich eröffnet. Dieselbe bietet eine überaus reiche Auswahl in allen Erzeugnissen der feinen Konditorei und Pfefferküchlerei. Marzipantorten von 50 Pfg. an; geschlungenes Marzipan und Marzipankartoffeln, Schaumconfect das Pfund von 1,20 Mark an, Chocoladenconfect, Ausstecher allerlei Sorten Pfeffernüsse, Honigkuchen in verschiedener Größe. Thorner Pfefferkuchen, mehrere Sorten feine Gebäcke, weiche Nürnberger Lebkuchen, feinste Baserie Leckerle, feinste Vanille-Chokoladenkuchen 10 Ausstecher für 10 Pfg. und dergl. mehr. Zu zahlreichem Besuch ladet ergebenst ein – C. Retzlaff jun., Konditor“.

Kupferschmiede

Leider gibt es die Berufsbezeichnung Kupferschmied heute nicht mehr - die Zeiten haben sich eben geändert! Die rötlich glänzenden, teilweise großen Kessel, Kannen und Töpfe haben ihren Wert dennoch für so manchen Liebhaber alter Hausbauten nicht verloren, und mancher Kunsthandwerker lässt das alte Handwerk wieder aufleben.

Das Handwerk der Kupferschmiede aber steht in langer Tradition und war einmal begründet unentbehrlich, nach seinem Werkstoff benannte man das Handwerk. Denn Kupfer wurde wohl sehr viel früher als Eisen entdeckt, und ist bis in die moderne Zeit hinein, ein vielseitig und häufig genutztes Metall geblieben. Nach Brüggemann existierten um 1775 in den 16 vorpommerschen Städten 13 Kupferschmiedemeisterbetriebe, davon 3 in Anklam, 2 in Demmin und je 1 in Pasewalk und Ueckermünde. Weitere pommersche Meister zogen wie die Scherenschleifer als Kesselflicker übers Land, um Reparaturen und Ausbesserungsarbeiten an kupfernen Geräten anzubieten, denn das Material zeichnete sich durch eine hohe Wiederverwendbarkeit aus. Sie wurden Ketelböter genannt und waren zumeist verarmt, viele brachten sich mehr schlecht als recht durch und standen in niederem Ansehen. In Stettin erlangten die Kesselflicker aber um 1412 ein eigenes Amt. Die Stettiner Ketelböter erwirkten 1582 die Zusage von Herzog Johann Friedrich, dass alle Kesselflicker im Herzogtum Pommern-Stettin, Mitglied ihrer Stettiner Zunft sein mussten. Über 100 Jahre später schien man diese vergessen zu haben. Nach Dähnert 1689, klagten die Städte Anklam, Greifswald, Stettin und Stralsund wegen ausländischer, herumziehender Kesselführer, insbesondere gegen italienische Kupferschmiede. Sie traten als eine unliebsame Konkurrenz für die einheimischen Meister auf, weil sie den Leuten altes, aufgearbeitetes Material anboten.

Bei der erstmaligen Gewerbezählung im Deutschen Reich von 1875 existierten in ganz Preußen noch 2098 Kupferschmieden mit 5858 Beschäftigten.

In alten Schriften wurde der Kupferschmied im Lateinischen als cuprifabri, cupripercussores bezeichnet und im mittelniederdeutschen Sprachgebrauch des 16. bis 17. Jahrhunderts als copperslach bzw. copperslagere benannt. In Stettin ist die Kupferschmiede seit 1313, gemeinsam mit anderen alten Schmiedehandwerken, nachweisbar. 1624 bildeten die Handwerker der Städte Anklam, Gollnow, Greifenberg, Kolberg, Köslin, Pasewalk, Schlawe, Stargard, Stettin und Stolp eine überregionale Kupferschmiedezunft. Sicherlich, weil die Anzahl der Meister in einer Stadt für die Zunftbildung nicht ausreichte. Denn die Zahl der Meister richtete sich auch nach den Bedürfnissen der städtischen Haushaltungen und nach größeren Auftraggebern.

Die Kupferschmiede zeichneten sich durch vielfältige Arbeitsweisen aus, die Meister konnten mit Feuer arbeiten und ohne, sie trieben und hämmerten das Metall, sie löteten oder schmiedeten kalt, ihre Esse war nicht so groß wie die der Grobschmiede, weshalb die Kupferschmiede auch im Zentrum der Städte ihren Platz finden konnte. Als Werkzeuge wurden Amboss, verschiedene Feilen, Hämmer, Schneideisen, verstahlte Scheren, Schraubstock oder Polierfilze benötigt. Für eine besondere Aufgabe, die viel Geschick, besondere Werkzeuge und dickes Kupfer verlangte, waren die Kuferschmieden immer zuständig. Jeder Kirchturm erhielt bei seinem Neubau oder nach Jahrzehnten bei Reparaturen einen kupfernen Knopf in die Spitze gesetzt.

Das Kupfermaterial bestellten die Meister über den Zwischenhandel, was nicht immer einfach war. Nur kurzzeitig gab es Ende des 16. Jahrhunderts im mecklenburgischen Neustadt und Rostock (1572 erwähnt) oder um 1811 im pommerschen Gollnow und Labes Kupfermühlen bzw. kleine Kupferfabriken, die kupfernes Blech erzeugten. Auch im Bereich des schwedischen Pommerns, in Stralsund, gab es eine Kupfermühle, an die noch die heutige Straße An der Kupfermühle erinnert.

Die verwendeten Kupfererze bzw. Kupferschiefer stammten in der Hauptsache aus dem Harz, Erzgebirge, Tirol und der Slowakei. Diese Erze wurden dort in Kupferhütten mehrmals eingeschmolzen, hierbei gereinigt, so dass Kupfer die rotbraune Farbe und damit die Bezeichnung Garkupfer erreichte. Gleichzeitig mit dem Schmelzen oder danach im Kupferhammer wurde das Material zu Blechen, Tafeln, Scheiben oder Stücken geformt und unter verschiedenen Namen gehandelt: Plattkupfer zum Dachdecken, Einsatzkupfer für Kessel oder Kuchenkupfer für Küchengeräte. Das alte Nürnberg galt als größtes Handelszentrum, weitere überregionale Marktplätze für Kupfer waren Augsburg, Frankfurt, Leipzig, Köln und Aachen. Auch der Seehandel mit den nordischen Ländern wurde dafür genutzt. Da erlangte Hamburg dank des schwedischen Kupfers im Kupferhandel einige wirtschaftliche Bedeutung, doch die größeren Erzvorkommen blieben im Süden.

Die handwerklichen Fertigkeiten der Meister waren schier unerschöpflich, denn das vielfältig verwendbare Material war zu allen erdenklichen Zwecken im Alltag einsetzbar und durch den letzten Bearbeitungsschritt, Polieren, erhielt es einen hohen Dekorationswert. Das Handwerk entwickelte sich zunehmend zu einem angesehenen Kunsthandwerk und seine Gebrauchsgegenstände fehlten wohl nirgendwo.

Im Mittelalter nahmen sakrale Gegenstände eine Hauptposition in den gefüllten Auftragsbüchern der Meister ein: Kelche, Ciborien, Peristerien, Vortrag-, Altar- und Reliquienkreuze, Hostienbüchsen, Reliquienbehälter in Form von Köpfen, Büsten, Händen, Füßen, Reliefﬁguren zum Schmuck von Tragaltären, Tabernakeln, Monstranzen, Ostensorien, Bischofsstabkrümme und andere Gerätschaften aus starkem Kupferblech getrieben, das mitunter noch vergoldet wurde.

Die Renaissance bevorzugte den Erzguss und die Gold- und Silberschmiedekunst, wodurch die Kupferschmiedekunst in den Hintergrund gedrängt und auf die Anfertigung von Gefäßen und Geräten für den bürgerlichen Gebrauch beschränkt wurde.

Lehrzeit und Gesellenjahre waren überall gleich. Ein Lehrjunge lernte in den Kupferschmieden 4 Jahre, wenn die Eltern entsprechendes Lehrgeld zahlten, sonst konnte die Lehrzeit auf 6 bis 7 Jahre gehen. Der Geselle verdiente in den Kupferschmieden etwa wöchentlich 1 Reichstaler. Er musste sich 3 bis 4 Jahre in der Fremde umgesehen haben (Wanderjahre), bevor er Meister werden konnte. Als wandernder Geselle erhielt er freie Kost beim Meister, der ihn eine Zeit lang aufnahm, und außerdem noch 2 Groschen Handgeld.

Bis Anfang des 20. Jahrhunderts blieb es vielfach bei den in Handarbeit angefertigten kupfernen Gebrauchsgegenständen zum täglichen Bedarf wie: Pfannen, Töpfe, Becken, Backformen, Wasserwannen, Gießkannen, Kaffeekannen, Teekannen, Fuß- und Bettwärmer, Leuchter, Lampen sowie Samoware einerseits und für Arbeitsgegenstände der handwerklichen Produktion andererseits wie: Braupfannen, Branntweinblasen, Kühlröhren sowie Kessel und Zuber für Bierbrauer, Färber und Seifensieder oder Platten für den Kupferstecher. Die Herstellung einer Braupfanne für den Bierbrauer war für den Meister ein großer Auftrag und konnte gutes Geld einbringen. Zur Anfertigung einer großen Braupfanne brauchten vier Gesellen etwa 14 Arbeitstage und die ausgestellte Rechnung fiel dementsprechend hoch aus.

Mit der Neuordnung der Handwerksberufe vom 1. April 1998 wurde die Berufsbezeichnung Kupferschmied in Behälter- und Apparatebauer umbenannt.

Maler/Tapezierer

Im Verlauf der Jahrhunderte wandelte sich mit dem jeweiligen Zeitgeschmack die Ausgestaltung und Bearbeitung der Arbeits- und Lebensräume, so dass sich die praktischen Anforderungen an die Handwerke mit veränderten.

Maler und Tapezierer sind heute Fachleute des Raumausstatterhandwerks, das betrifft gleichermaßen die Innen- und Außengestaltung von Arbeits- und Wohngebäuden. Dabei wird mit aktuellen Farben, modernen Tapeten und verschiedenen Wand- und Deckenbekleidungen gearbeitet. Die Gestaltung ist stets nach den praktischen Zwecken ausgerichtet und daher gibt es inzwischen spezialisierte Fachleute, insbesondere für Arbeitsraum- und Bürogestaltungen usw. Die Wohn- und Lebensraumgestaltung ist wiederum ein Bereich, indem sich heute jeder nach seinen Interessen oder dem modernen Zeitgeschmack ausleben kann - ein Fachmann kann da sehr hilfreich sein.

Tapezierer sind seit dem späten Mittelalter bereits sehr bekannt gewesen. Sie beschäftigten sich besonders mit der Ausschmückung und der Bekleidung von Innenwänden in den Burgen und Schlössern. So erhielten Festsäle und herrschaftliche Gemächer durch ihre künstlerische Ausgestaltung ein prächtiges, auffälliges und oftmals ein unterhaltsames Ambiente. Die Motive der Wandbekleidungen waren von vielfältigster Art und Weise ausgewählt, da gab es biblisch-mythologische Szenen bis hin zu reichhaltigen Darstellungen von Jagdausschnitten.

Das historisch erste Material der Tapezierer (lat. tapetum-Teppich) waren kunstvolle Wandteppiche, die aus feinen Garnen wie Seide, Wolle, mit feinen Silber- und Goldfäden gewebt wurden. In den reichen mittelalterlichen Hansestädten, wie Stralsund und auch Anklam, zählten die Tapezierer mit ihrer ästhetischer Gestaltungskraft zu den vornehmen Gewerken, da sie die Räumlichkeiten der wohlhabenden Kaufleute mit kostbaren textilen „Tapeten“ und die Decken mit verschiedenen Materialien wie Holz- oder Stuckarbeiten oder in feinster Farbigkeit veredelten.

Die Tapezier-Materialien der Neuzeit wurden auch Gobeline genannt, nach Gilles Gobelin, einem in Frankreich unter Franz I. berühmten Tapeten-Wirker. Wandteppiche gemischt aus Wolle und Seide hießen Brabanter Teppiche. Hochkettige Gobelins, deren Kette senkrecht in einen besonders gebauten Webstuhl gezogen wurde, nannten sich Hautelisse (franz.). Die Motive auf den Teppichen waren sowohl von freier künstlerischer Idee als auch von zeitgenössischer, politischer oder genealogischer Natur. Jeder fürstliche Hof hielt sich seinen Tapezierer, wie auch die Herzöge in Pommern dem Anspruch nicht nachstanden. Berühmt ist heute noch der pommersche Croy-Teppich von dem Stettiner Tapetenmacher Heymann aus dem Jahr 1555 der im Pommerschen Landesmuseum in Greifswald zu bewundern ist.

Die einfachere, weil preiswertere Art der Wandgestaltung, wurde durch Tapeten aus Sackleinwand erreicht, die bemalt oder bedruckt wurden. Zwischen 1762 und 1764 schuf der in Prenzlau geborenen Landschaftsmaler Jacob Philipp Hackert (1737-1807) sechs Leinentapeten mit idealisierten Landschaften für den Festsaal im Herrenhaus Boldevitz auf Rügen. Hackert fertigte ebenso auch die Wandverkleidung eines Raumes in einem Stralsunder Bürgerhaus (Ossenreyerstraße 1).

Im 17. Jahrhundert kam aus Spanien die Mode auf, die Wände mit Leder zu verkleiden, was bei der Größe der Exemplare kostspielig sein konnte und dazu führte, dass der Tapezierer mit der Sattlerarbeit ein fremdes Gewerbe beherrschen lernte. Die Befestigung des festen, kräftigen Materials erforderte auch spezielle Techniken. Zum Glück für das Gewerk der Tapezierer ging die Zeit der Leder-Mode an den Wänden vorüber, aber die neu gelernten Techniken aus dem Sattlergewerbe blieben, was gelegentlich als Nahrungseingriff gewertet wurde und zu heftigen Streitigkeiten der Handwerker untereinander führte.

Erst mit dem 19. Jahrhundert wurden als Tapeten bzw. Wandverkleidungen nicht mehr textile Stoffe oder gar Leder verwendet, sondern die Wände wurden nunmehr hauptsächlich mit Papierlagen und zwar flächendeckend geklebt. Aber auch dies war im Grunde keine Erfindung der Neuzeit, denn vereinzelt gab es auch schon im Mittelalter Papiertapeten, die äußerst aufwendig handbedruckt waren mit sogenannten Holzmodeln, ähnlich dem frühen Textildruck. Auf diese Weise waren künstlerische Gestaltung und praktisches Handwerk lange Zeit eng miteinander verbunden. Neu war dagegen die Art und Weise mit den enormen Möglichkeiten der Vervielfältigung der Tapete, die mit der rasanten technischen Entwicklung eingeleitet wurde.

Ende des 18. Jahrhunderts gelang es Tapetenherstellern in England und Frankreich die Tapeten in längeren Bahnen herzustellen. Aus der englischen Produktion stammt noch das heute verwendete Standardmaß von 12 Yards (ca. 10 m) für eine Tapetenbahn. Die erste größere Tapetenfabrik in Deutschland entstand 1789 in Kassel. Zu Anfang des 19. Jahrhunderts gelang es Papierbahnen auf Rollen endlos zu produzieren und ein paar Jahre später gelang der erste maschinelle Druck einer Tapetenrolle. Um diese Zeit entstanden in Preußen 38 Papiertapetenfabriken. Der Handel mit maschinell hergestellten Tapeten verbreitete sich auch schnell nach Vorpommern, um 1900 war die Tapete so aktuell und modern, dass sie in keiner guten und feinen Wohnstube fehlen durfte. Der Tapezierer wurde ein gefragter Handwerker, der sich insbesondere durch Genauigkeit und geschickte Hände auszeichnete. Je nach Länge der Wandflächen mussten einzelne Bahnen von der Tapetenrolle zugeschnitten, mit Leim eingekleistert und an die Wand geklebt werden. Diese vereinfachten, speziellen Grundarbeiten sind bis heute so geblieben. Jedoch wechselten im Laufe der Wohnkultur die Tapetenmuster ständig. Zeitweise wurden auch an den Tapetenabschlüssen farblich abgestimmte Leisten angebracht. Der Zeitgeschmack brachte so einige Blüten hervor.

Maurer

Historische Steinbauten sind heute unwiederbringliche Quellen der kulturellen Stadtgeschichte und bilden mithin ein steinernes Gedächtnis vergangener Zeiten. Hier im Norden war natürliches Steinmaterial wie Granit und Sandstein knapp bemessen, Feldsteine wurden verwandt und es wurden Ziegel gebrannt. Mit der historischen Backsteinbauweise setzte sich das Gewerk der Maurer durch.

Bei den Mauern zu Greifswald oder Pasewalk erwies sich ein fester Wohnsitz des Meisters, (anders als bei den Bäckern oder Schneidern), als unbedeutend für das zu führende Handwerk. Meist wurde nach Aufträgen mit wechselnden Baustellen gearbeitet, wo sich verschiedene Bauhandwerke zusammenfanden. Vor Ort brannte man die roten Ziegel und selbst der Kalk wurde an Ort und Stelle gelöscht. Die Vielzahl der Gesellen und Lehrlinge sowie Hilfskräfte auf einem Bauplatz und das Vorherrschen des Tagelohns, verlangten vom Meister eine exakte Arbeitsplanung und allgemein ein sehr umsichtiges Unternehmertum. Bei der Lohnzahlung ließ man dem Meister keine freie Hand, dafür galt in Vorpommern die vom Amt und vom Rat verfasste Maurerlohntaxe.

Die Maurerarbeit war im Grunde vielseitig, einerseits wurde teilweise in der Gruppe gearbeitet und andererseits wurden zeitlich parallele Arbeiten ausgeführt. Die Gesellen mussten kooperativ, solidarisch und mit wachsamem Auge zu Werke gehen, um einen Unfall zu vermeiden. Neben den Gesellen und Lehrlingen leisteten Hilfskräfte wie Mörtelrührer, Sandschipper, Steinträger und Tagelöhner schwere körperliche Arbeit.

Die spätmittelalterliche und die frühneuzeitliche Maurerarbeit erweist sich noch heute als fachmännisch präzise und langlebig ausgeführt, das ist sicher ein Grund, weshalb sich über 700 Jahre alte Bauwerke aus Backstein in Anklam, Wolgast oder Pasewalk bis heute erhalten haben. In der Regel wurde ein Bauwerk nur selten von außen verputzt, mitunter auch nicht von innen, was insbesondere bei den mächtigen Kirchenbauten der Fall war. Die norddeutsche Backsteingotik zeichnet sich durch die Sichtbarkeit des roten maßgerechten Ziegelwerks aus, was durch Stein auf Stein-Verbindung erreicht wurde und die Fugen wurden meist farblich abgesetzt. Andererseits nahm diese Arbeitsweise eine sehr lange Arbeitszeit in Anspruch, die nicht selten über Generationen von Bauleuten hinweg andauerte.

Die Gesellen mauerten mit zähem Mörtel, damit keine Reste auf die fertig gestellten Steinflächen fielen, sie etwa verunreinigten und kalkige Flecke hinterließen. Die Fugenarbeiten wurden sobald als möglich verrichtet, damit sich der Fugenzement mit dem noch nicht abgebundenen Mörtel verbinden konnte. Auf diese Weise wurden sowohl Ziegel und Mörtellage vor dem Eindringen von Feuchtigkeit geschützt. Das waren nur einige Arbeitsprinzipien, die auf die Ewigkeit und Schönheit des Mauerwerks großen Einfluss hatten. Schon der Maurerlehrling verdiente sich in der etwa dreijährigen Lehrzeit nicht leicht sein Brot. Die ständige Arbeit im Freien, wechselnde Witterungsbedingungen und noch dazu auf hohen Holzgerüsten, erforderte von den Jungen manche körperliche Überwindung. Der Umgangston und die Sprache auf dem Bau ließen den Jungen schnell erwachsen werden. Noch Anfang 19. Jahrhundert wurde verordnet: „Ein jeder Meister soll seinen Lehrjungen gewissenhaft mit allen Fleiß und gründlich unterrichten, und mit demselben christlich und vernünftig umgehen, nicht aber mit unverdienten, oder auch übermäßigen Schlägen und anderen unchristlichen Bezeigen demselben zusetzen, und dadurch die Lehr-Jahre zu verlaufen gleichsam nötigen, noch auch solche Jungen mit übermäßigen Haus- und Handarbeiten, also dass sie dadurch an tüchtigen Erlernung des Handwerks gehindert werden, belegen …"

Nach erfolgreich beendeter Lehre, zu der auch eine Prüfung im Lesen, Schreiben und Katechismus gehörte, begab sich der Geselle auf die Wanderschaft, um dann als Polier arbeiten zu dürfen. Die Maurerwanderjahre waren von besonderer Bedeutung für die persönliche Erfahrung im Baugewerk. Mehr noch als in jedem anderen Beruf konnte ein Geselle anhand von regionalen Baustilen soviel Neues und Modernes an Baumaterialien und Methoden erfahren und später anwenden.

Um 1664 bestätigte der Rat zu Anklam die Amtsrolle der Maurer. Ein Meisterbuch wurde von 1665 bis 1835 geführt. 1853 wurden die Statuten der nun gemeinsamen Anklamer Mauer- und Zimmererinnung erneuert. 1738 bestätigte der Rat zu Ueckermünde die Amtsstatuten seiner Maurer. Ende des 18. Jahrhunderts hatten Stralsund 10, Wolgast 8, Loitz 3, Lassan 3 und Jarmen und Gützkow je einen Maurermeister mit durchschnittlich 2-3 Gesellen.

Im Verlauf des 19. Jahrhunderts stiegen die Betriebsgrößen im Maurergewerbe aber bedeutend an, etwa auf 20 und mehr Beschäftigte pro Betrieb, in Anklam wurden um diese Zeit 3 Meisterbetriebe verzeichnet mit insgesamt 66 Gesellen. Die Gründerzeit nach 1871 mit dem wirtschaftlichen Aufblühen trieb die Baubranche enorm voran, doch blieben Spekulationen und Pleiten nicht aus. Ab Mitte 19. Jahrhunderts zogen ins Maurerhandwerk moderne Arbeitsweisen ein. Da wurde z. B. der Lohn nicht mehr von Rat festgesetzt, sondern zwischen Unternehmer und Gesellen frei ausgehandelt, teilweise vollzog sich bereits der Übergang vom Tagelohn zum heutigen Stundenlohn.

Messerschmiede

Erst mit dem erhöhten Bedarf an Messern entstand der Messerschmiedeberuf, er ist aus dem Eisenschmiedehandwerk hervorgegangen, obwohl die ersten Messer aus Steinmaterial waren. Messer gehörten daher zu den ältesten Werkzeugen der Menschen, als Schneidewerkzeuge oder Stichwaffen mit Griff und Klinge; als Tafelmesser gehört es in die jüngere Esskultur. In allen Kulturen ist es verbreitet, als Werkzeug und Arbeitsmittel, Symbol, Zeichen der Macht, auch Kunstobjekt.

Bis etwa Mitte des 16. Jahrhunderts war in vielen Städten Pommerns die Berufsgruppe der Messerschmiede in das große und allgemeine Amt der Schmiede eingegliedert. In der ältesten Schmiederolle von Stettin von 1533, vermutlich einer Konfirmation von 1313, werden zum Schmiedeamt vereinigt aufgeführt: Grobschmiede, Kleinschmiede, Schwertfeger, Messerschmiede, Nagelschmiede, Kupferschmiede, Panzermacher und Grapengießer. In anderen Städten wiederum wurden anfangs Messer durch die Schwertfeger hergestellt, danach spezialisierten sich aus ihnen die Messerschmiede heraus für die Verfertigung von einschneidigen Klingen, worauf sie auch „Messerer" oder „Messwerche" genannt wurden.

Zu ihren Produkten zählten, grob unterteilt, Messer zu den verschiedensten Zwecken: Dolche, Haumesser, Hieb- und Stichwaffen, dann kamen Gabel und Schere hinzu. Die Schere als wichtiges Arbeitsgerät der Schneider und jeder Hausfrau wurde etwa ab 16. Jahrhundert gefertigt, dann wurde die Essgabel Mode bei Tisch, was sich als außerordentlich schwierig erwies. Weiterhin fertigten die Messerschmieden mit der Entwicklung der praktischen Medizin ein umfangreiches Sortiment an chirurgischen Instrumenten an, durch die sich in Greifswald und anderswo, der besondere Beruf des (chirurgischen) Instrumentenmachers herausbildete.

Zentren der Messerproduktion waren Arau, Eberswalde, Dresden, Iserlohn, Karlsbad, Nürnberg (1557: Jahresproduktion von 4,6 Millionen Messern), Ruhla, Schmalkalden, Solingen (1789: 203 verschiedene Klingenarten) oder Steyr in Österreich. In diesen Orten wurden Messer massenhaft hergestellt und auf den großen Messen in Frankfurt am Main, Nürnberg oder Hamburg gehandelt. Große Mengen der Solinger Ware gingen nach Holland und in den norddeutschen Raum.

Pommersche Messerschmieden aus früheren Jahrhunderten sind wenig bekannt. Nach Brüggemann existierten um 1775 im preußischen Teil Vorpommerns nur noch drei Messerschmieden, davon eine in Anklam und zwei in Altdamm. Bei der erstmaligen Gewerbezählung im Deutschen Reich von 1875 existierten in ganz Preußen 12226 Zeug- und Messerschmieden mit 30773 Beschäftigten. Vorpommern meldete den Beruf als nicht vorhanden, falls Messerschmiedearbeiten ausgeführt wurden, machte es der Kleinschmied. Die geringe Anzahl der pommerschen Messerschmieden weist darauf hin, dass eine einheimische Messerproduktion in großem Umfang zu keiner Zeit existierte.

Die Bürger in den Städten kauften vermutlich ihren Bedarf an Messern und Scheren im überwiegenden Maß beim Händler, Höker oder Hausierer, der die Waren von außerhalb vertrieb. Das war bereits im Mittelalter üblich, wie alte Inventarbücher von Krämern belegen. Unter der Warenart Waffen wird auf Mittelniederdeutsch der Artikel „messe“ aus Köln aufgeführt. Kölner Messer zeichneten sich durch gute Qualität aus, da Kölner Stahl im Mittelalter ebenso wie der schwedische und steyrische Stahl einen hervorragenden Ruf führte.

Wie frühe archäologische Funde bei Wismar und Anklam aus dem 16. Jahrhundert nachweisen, unterschieden sich die Messer des Mittelalters insbesondere im verwendeten Material für den Griff: Bernstein, Elfenbein, Achat, Gold, Silber, Edelholz, Hartholz und von seiner Konstruktion sowie von der Klinge her.

Natürlich veränderte sich im Lauf der Zeit besonders die Klinge, ihre Form und Verzierungen, je nach Gebrauchszweck. Als nächste Messergeneration, ab der Neuzeit, trat das Tafelmesser bzw. das Schneide- und Essmesser in die Esskultur, wie wir es heute kennen. Wichtig war in allen Zeiten das Rasier- bzw. das Barbiermesser für den Mann. Und schließlich verfügte man über das Einlegemesser (Klappmesser).

Zur Erlangung der Meisterschaft hatte ein Messerschmiedegeselle hohe handwerkliche Hürden zu bewältigen. Das Amt verlangte als Meisterstück: ein Paar künstlerisch ausgearbeitete Tischmesser, ein gewöhnliches Speckmesser für den Fleischerberuf mit einer wenigstens 10 Zoll langen Klinge und eine Schneiderschere in höchster Qualität anzufertigen.

Im Verlauf des 17. Jahrhunderts durchlief die menschliche Esskultur einen Quantensprung. Denn zum Speisen kam neben Messer und Löffel die Gabel auf den Esstisch. Gabeln wurden entweder zweispitzig, zweizackig (auch zum Tranchieren) oder drei- und vierspitzig für die

Tischkultur angefertigt. Wenigstens die Zacken mussten aus Stahl geschmiedet sein, da eiserne Zacken leicht beim Gebrauche zerbrechen konnten. Jede Gabel bestand aus 4 Teilen, aus den Zacken, der Stolle, der Angel und einer Schale, worin die Angel steckte. Für den Messerschmied war die Herstellung sicher einfacher als die Benutzung derselben. Die Literatur gibt darüber genüsslichen Aufschluss, wie sehr insbesondere die männliche Gilde sich der „weiblichen“ Gabel verweigerte, mit dem Löffel war die Nahrungsaufnahme doch sehr bequem oder noch mehr mit bloßen Händen und Fingern.

Auf jeden Fall hatte der Messerschmied vorerst der Gabel zum allgemeinen Gebrauch in den Haushaltungen verholfen. Bei all seinen Arbeiten zeichnete sich ein guter Messerschmied durch universelle Fähigkeiten aus. Seine Klingen schmiedete er selbst aus bestem Stahl, das hieß zunächst grob die Form auszuhämmern und das Schmiedestück wieder zu härten, danach bearbeitete er die Klinge mit Feilen, mit dem Schleifstein nass oder trocken und abschließend mit dem Polierholz und Poliermittel. Alle diese Arbeitsgänge erforderten nicht nur Kraft, sondern auch sehr viel Geschick und Sorgfalt. Zur Herstellung der Griffe wiederum musste er mit ihm artfremden Materialien wie Elfenbein, Perlmut, Horn, Rinderknochen oder Harthölzern umgehen können, sie schneiden, befeilen, schleifen und polieren; bei Gold, Silber und Porzellan wurde aber die Zuarbeit anderer Gewerke in Anspruch genommen. Das Schmieden von Messern, Gabeln und Scheren geschah auch noch im 19. Jahrhundert lange Zeit mit der Hand, da Maschinen die unterschiedliche Formgebung des Stahls nicht leisten konnten. Lediglich das auch körperlich anstrengende Schleifen der Messer war frühzeitig durch Ausnutzung der Wasserkraft (Schleifmühlen) mechanisiert worden.

Heute gibt es den Beruf des Messerschmieds lange nicht mehr im traditionellen Sinn. Aber es gibt Kunsthandwerker, die sich dieser Fertigkeiten angenommen haben und ihre Kunst auf entsprechenden Märkten vorführen.

Der Beruf Messerschmied/in wurde 1989 abgelöst durch den Nachfolgeberuf Schneidwerkzeugmechaniker/in.

Nagelschmiede

Der Nagelschmied oder Nagler gehörte zu den Kleinschmieden und lieferte Eisen- und Stahlnägel. Seit dem 15. Jahrhundert wurde unterschieden in Weißnagelschmied, der verzinkte Nägel herstellte, und Schwarznagelschmied für (schwarze) Eisennägel. Nach Brüggemann existierten 1782 in den Städten Vorpommerns insgesamt 28 Nagelschmieden, davon arbeiteten beispielsweise in Altentreptow 1, in Anklam 3, in Demmin 2, in Pasewalk 2 und in Ueckermünde 2 Meisterbetriebe. Hinterpommern besaß 32 Nagelschmieden. Im schwedischen Vorpommern sind 1773 in Stralsund und in Wolgast je 2 Nagelschmieden nachweisbar.

In der Werkstatt des Nagelschmieds gab es eine Esse mit einem Blasebalg, der über ein Gestänge per Hand oder Fuß betätigt wurde. Um bei der Arbeit Verletzungen zu vermeiden, wurden mitunter Hunde abgerichtet, die in einem Tretband liefen. Typisch für die Nagelschmiede war das Nageleisen, mit einem nach unten sich erweiterndem Loch, das oben in einer Krone die genaue Querschnittsform und Größe des Nagels hatte. Um jede Art von Nagelsorten herstellen zu können, brauchte der Nagelschmied etwa 60 verschiedene Nageleisen.

Es gab Nägel in unterschiedlichsten Formen und für verschiedenste Verwendungszwecke, kantig oder rund waren der Nagelschaft und variabel der Nagelkopf. Es gab Nägel mit kleineren, größeren, ganzen, halben, mit glatten, mit pyramidalen, mit konischen, halbkugeligen Köpfen, und mit dreieckigen und viereckigen Köpfen (Hufnägel); ferner Blassernägel, Brettnägel, Lattennägel, Kraften, Schindelnägel, Schiefernägel, Kutsch-, Küris-, Rosen-, Schloss-, Schocker-, Schieblings-, Radnägel, Reif- und Bandnägel, Blasbalg-, Schlosser-, Maurer-, Schuh- (Pinnen, Mausköpfl), Boots- und Tornägel. Die größten Sorten nannte man Schleusennägel, sie waren bis zu 45 cm lang. Schiffsnägel hatten eine Länge von 20 bis 25 cm. Andere nach der Länge benannte Nägel hießen dann fünfzölliger, dreizölliger usw. Die kleinen Sorten wie Zwecken (broquettes) für Tapezierer, Sattler und Stellmacher, waren so winzig, dass vielleicht tausend Stück auf ein Pfund kamen. Daneben wurden Nägel nach den Kosten pro Schock benannt: Groschennägel, Schillingsnägel, Sechslingsnägel oder Dreilingsnägel.

Der Nagelschmied schmiedete zunächst grob den Nagel aus Stabeisen unter Feuer und Hammerschlägen auf dem Amboss, steckte die Spitze in das Nageleisen, schlug oder brach den Nagel von der Stange ab, schmiedete den Kopf und schlug den fertigen Nagel von unten aus dem Nageleisen heraus. So oder ähnlich wurden Nägel mit Köpfen gemacht, was sprichwörtlich soviel bedeutet wie eine Angelegenheit zu Ende zu bringen und seither in den Volksmund übergegangen ist.

Nägel, wenn sie gut werden sollten, durften weder aus zu hartem, sprödem noch aus zu weichem Eisen geschmiedet werden. Beim ersteren Fall konnten sie beim Einschlagen brechen und im zweiten Fall leicht verbiegen. Die Schmiedearbeit war zeitaufwendig und körperlich anstrengend, weil es immer auf die Masse der Produkte ankam.

Dabei erforderte ein Nagel je nach Größe bis zu 60 Hammerschlägen und bis zu zwei Minuten Arbeitszeit. Bei einer Arbeitszeit von 12 bis 14 Stunden (mit Pausen) stellte der Nagelschmied täglich 500 bis 4000 Nägel her. Konnte der Nagelschmied sich einen Gesellen halten, bezahlte er ihn deshalb nach Stücklohn. Da die Arbeit hauptsächlich aus mechanischem Zuschlagen bei einseitiger körperlicher Haltung bestand, die Männer außerdem täglich starken Temperaturunterschieden an der Esse ausgesetzt waren, wurde ihre Gesundheit beizeiten ruiniert. Da konnte ein Nagelschmied bei der Belastung mit vierzig Jahren körperlich schon ein alter Mann sein.

Das Kleinschmiedehandwerk zählte zu den sogenannten „geschenkten Handwerken". Lehrjungen lernten meist zwei bis drei Jahre beim Meister und wie in anderen Berufen ging es nach der Lehrzeit zwei Jahre auf die Wanderschaft. Nach Greifswald oder Usedom ziehende Gesellen erhielten hier aus der Handwerkslade einen kleinen Geldbetrag oder freies Essen zur Beihilfe und Unterstützung auf eine gewisse Zeit. „Ungeschenkte Handwerke" hatten hierzu keine Verpflichtung, obwohl vielfach aus Gewohnheit und Gastfreundlichkeit kleinere Gaben von den Meistern an die Wanderburschen ausgegeben wurden. Als Meisterstück waren bei den Nagelschmieden in der Regel ein Nageleisen und verschiedene Sorten von Nägeln herzustellen.

Wirtschaftlich hatte der Nagelschmiedemeister ein entschiedenes Problem - er leistete zunächst unentgeltliche Vorarbeit. Während Tischler, Zimmermann, Goldschmiede per Auftrag arbeiteten, mussten Nagelschmiede immer auf Vorrat produzieren. Niemand bestellte eine Bürste, ein Pfund Bindfaden, ein Schock Nägel, einen Korb und ähnlich kleine Wirtschaftsgegenstände; Bürstenbinder, Seiler, Nagelschmied und

Korbmacher mussten die Waren vorrätig halten, wie geringfügig und armselig auch ihr Geschäftsbetrieb war. In einem deutschen Volkslied über den Nagelschmied heißt es: „Wenn viel tausend (Nägel) fertig sein, zählt er sie und faßt sie ein, und thut auf den Markt hinlaufen … Nagelschmied arbeitet sich müd, Tag und Nacht hat er keinen Fried …". Das beschrieb einmal mehr die Mühsal des Handwerks.

Den Absatz der Nägel übernahm der Meister oft selbst, besuchte wie ein Hausierer mit seinen Produkten die Märkte, mancherorts wurden die Nägel auch durch Nagelhändler vertrieben.

Vermögen und Ansehen der Nagelschmiede waren relativ gering, in den mittelalterlichen Städten reichte es für sie nicht zum Bau von stattlichen Giebelhäusern, sie bewohnten lediglich so genannte Buden. Das waren nur kleinere armselige Hütten.

Im 18. Jahrhundert bekamen die Handwerker die Konkurrenz durch „staatlich geförderte" Eisenhüttenwerke mit eigenen größeren Nagelschmieden existentiell zu spüren.

Zeitweise verbesserte der Holzschiffbau den Verdienst der Nagelschmiede. Wenn ein Seeschiff in Auftrag gegeben wurde, waren Anker-, Ketten- und Nagelschmiede am Bau mitbeteiligt. Planken mussten mit Nägeln und Bolzen zusammengehalten werden. Zwar erhielt bei vielen Schiffstypen der Holznagel bei der Befestigung des Schiffskörpers im Unterwasserbereich den Vorrang, doch gab es auch Bauarten bei denen schmiedeeiserne Nägel: Klingnägel, Koggennägel, Bolzen und eiserne Spieker den Vorzug erhielten.

Die zunehmende Industrialisierung Mitte des 19. Jahrhunderts verdrängte das Naglerhandwerk, doch es gab immer vereinzelte Handwerksmeister, die sich den neuen Bedingungen gewandt anpassten und selbstständig arbeiteten. Das betraf dann überwiegend die Stadtrandgebiete oder ländlichen Bereiche, da die Kleinschmiede eng mit der Landwirtschaft verbunden arbeiteten, um Werkzeuge und Gerätschaften herzustellen oder zu reparieren. Von Hand wurden noch lange Zeit besondere Aufträge verfertigt, dazu gehörten z. B. Huf- und Schuhnägel oder Maßarbeit für große First- und Schleusennägel.

Ofensetzer

Bis zur Mitte des 19. Jahrhunderts fertigen Ofensetzer die Ofenkacheln aus Ton selbst her, sie bemalten sie oftmals mit schönen Motiven und am Ende der Arbeit wurden die Kacheln glasiert. Die Ofensetzer waren damals Töpfer und Maurer zugleich und stellten Öfen, Kamine, Herde, Rauchrohre und Rauchfänge auf. Andererseits gab es Töpfer die neben Tellern, Schüsseln und Vasen auch Ofenkacheln herstellten, aber zum Aufbau eines Ofens mussten sie mit dem Maurer einig werden. In Anklam existierte seit 1572 eine Töpferinnung, die 1853 neue Statuten erhielt. Seit 1650 ist ein Meisterbuch geführt worden. Noch 1849 wurden beide Berufe, sowohl Töpfer als auch Ofensetzer, in den Statistiken zusammengefasst, so dass um diese Zeit für die Provinz Pommern 453 Töpfer- und Ofensetzermeister sowie 537 Gesellen ausgewiesen wurden. In Greifswald arbeiten 1864 nach dem „Allgemeinen Wohnungsanzeiger“ 12 Meister zur Verfertigung von Gebrauchsgut und Heizöfen.

Die ersten mittelalterlichen Öfen waren aus Lehm hergestellt und dienten hauptsächlich zum Wärmen von Stuben und zugleich zum Brotbacken. Von den Ofenkacheln stammt auch die Bezeichnung Pötter (plattdeutsch), da die ersten unglasierten Kacheln eine bauchige Form, ähnlich den Töpfen erhielten. Diese „Kacheltöpfe“ wurden mit Lehm zum Ofen aufgebaut, im Ofeninneren wurden Rauchzüge eingesetzt, sodass ein beheizbarer Hohlkörper entstand.

Erst mit dem 16. Jahrhundert wurden Wärme spendende Kachelöfen in den herrschaftlichen Wohngebäuden und Bürgerhäusern allgemein modern. Das wurde möglich durch den Einbau von Schornsteinen, wodurch die Wohnräume vor Feuer gesichert wurden. In den gebrannten und zusammengefügten Tonkacheln hielt sich die Wärme über einige Stunden, wodurch sich die bürgerliche Wohnkultur gerade in der kühleren Jahreszeit erheblich verbesserte. Es dauerte noch einige Zeit bis der Kachelofen auch in den „guten“ Bauernstuben zu finden war. Hier war die Küche, oft der Dielenraum mit einer offenen Feuerstelle lange Zeit der Mittelpunkt für Leben und Arbeiten unter einem Dach.

Auch im Ofensetzerhandwerk gab es strenge Regeln für die Anfertigung eines Meisterstücks, so wurde Mitte 19. Jahrhundert „als praktische Arbeit aufgegeben, soviel Kacheln anzufertigen als zu einem Ofen gehören, und demnächst eine Schüssel auf der Scheibe zu drehen. Die aufgegebenen Arbeiten selbst anzufertigen und einen Probeofen zu setzen." Das erforderte vom Gesellen sein Wissen und die Erfahrungen einzusetzen, denn er musste eine entsprechende Rechnung für die Arbeitsmaterialien anstellen sowie Anzahl und Maße der Kacheln für das Ofenmodell waren vorzulegen. Nicht selten scheiterte ein Geselle bei der ersten Meisterprüfung, meist wegen der Ungenauigkeit seiner Arbeit. So erging es in Anklam einem Gesellen, der 1858 seine Meisterprüfung wiederholen musste, denn die „Kommission hatte seine angefertigten Arbeiten für unannehmbar erklärt, es war der von dem Meister M. als Meisterstück gesetzte Ofen, sowohl in Konstruktion als im Setzen von der Kommission getadelt worden und ihm deswegen das Prüfungszeugnis verwehrt worden."

Neben der handwerklichen Technik musste sich der Ofensetzer mit den Brandschutzgesetzen auskennen. Bei Verstößen gegen Feuerordnungen drohten empfindliche Geldstrafen oder gar der Verlust des Gewerbes. Nach der Festlegung durfte der Ofen weder an eine Holzwand, noch direkt auf den Fußboden gesetzt werden: „Sie müssen dem Holzwerke mindest um 2 Fuß ausweichen."

Die beste Heizungstechnik wurde mit dem sogenannten Zug- bzw. Windofen erreicht, dessen Brand durch ständige Luftzufuhr von außen verbessert wurde. Durch Holzfeuerung war bei starkem Zug eine Ofenreinigung vom Ruß nicht notwendig, in „Russland wurden die Tonöfen nie ausgeputzt, sie putzten sich selbst." Überhaupt war das kalte Russland Maßstab aller Ofensetzerkunst und die norddeutschen Ofenbauer wiederum erwiesen sich als bessere Meister gegenüber ihren süddeutschen Kollegen. Das war eine Frage der Witterungsbedingungen für die Menschen hier, die mit den Stürmen und der Kälte lebten. Von 1830 stammt die Nachricht, dass sich auf Rügen überall der Einbau von Windöfen in den Stuben durchgesetzt hätte.

Der Kachelofen erhielt seit etwa 1770 zunehmende Konkurrenz durch eiserne Öfen. So entstanden aus Eisenguss im mecklenburgischen Dömitz oder im pommerschen Torgelow nicht nur Kanonen und Kugeln, sondern auch Heizöfen. Eisen ließ sich zwar schnell erwärmen, doch im Vergleich zum Kachelofen hielt sich die Wärme nicht lange und konnte sich somit für behagliches Wohnen nicht durchsetzen. Für einen Teekessel heißes Wasser war er alle mal gut, man fand ihn dann häufig in Arbeits- und Werkstätten wo die Arbeitsleute sich schnell wärmen konnten.

Die Form des Ofens und die Ofenkachel selbst durchliefen im Verlauf der Jahrhunderte verschiedenste stilgeschichtliche Entwicklungen. Die äußere Gestaltung eines Ofens wurde nach den Bedürfnissen der Besitzer für Wohn- und Lebensräume angepasst und gestaltet, so gehörten Kamine dazu oder runde und eckige Kachelöfen. Farbe und Formen der Kachelöfen waren so vielgestaltig wie es der jeweilige Geschmack des Auftraggebers wünschte.

In der 2. Hälfte des 19. Jahrhunderts setzte sich die fabrikmäßige Produktion von Ofenkacheln durch. Eine bekannte Fabrik in Frankfurt a. O. stellte im Jahr 1866 Kacheln für rund 4000 Öfen her, die dann in Berlin, Pommern oder Schlesien von den dort heimischen Ofensetzern aufgestellt wurden. Der Ofensetzer war endgültig zum Bauhandwerker geworden.

Ölmüller

Pflanzliche Öle stehen derzeit hoch in der Gunst einer ernährungsbewussten Küche. In Reformhäusern und Naturkostläden werden sie auch aus ökologischem Anbau geboten. Und dieser moderne Trend ist keine Erfindung unserer Ernährungswissenschaft, sondern ist aus früheren Zeiten wieder entdeckt. Es gibt heute bundesweit ca. 40 Ölmühlen, die Ölspezialitäten herstellen und vertreiben.

Pommern ist von je her ein landwirtschaftlich geprägtes Land, daher wurde hier frühzeitig aus heimisch angebauten Pflanzen die dickflüssige Masse Öl hergestellt. Die bekanntesten Pflanzen zur Verarbeitung waren wohl Distel, Flachs, Hanf, Mohn, Sonnenblumen, Rübsen oder Raps. Ursprünglich arbeitete man mit verschiedenen Handpressen bis mit der technischen Entwicklung ausgefeilte Mühlenwerke entstanden. Dadurch konnten größere Mengen produziert werden und der Ölmüller spezialisierte sich. Die Herstellung erforderte scheinbar nur einfache Arbeitsgänge, indem durch Stampfen oder Auspressen von Samen, Kapseln und Kernen verschiedenster Ölpflanzen das begehrte Öl entstand. Auch die Ölmühlen arbeiteten traditionell mit Wasser-, Wind- oder Pferdekraft. Wind- und Wassermühlen, die ansonsten Getreide mahlten, benutzten hierfür ein zusätzliches Stampfwerk. Zwei senkrecht gegeneinander bewegliche Mühlsteine zerquetschten den Samen. Danach wurde das Material in einem Kessel erhitzt und unter starkem Druck ausgepresst. Anders bei der Walztechnik, dabei wurden die verschiedenen Körner sozusagen sofort und kalt gepresst. Das ging aber nur mithilfe der Pferdekraft, so dass zeitweise in zahlreichen Ross-Ölmühlen gearbeitet wurde. Im ständigen Rundgang bewegten die Tiere das schwere mechanische Mahlwerk. Da die Verarbeitung sowohl für Mensch und Tier körperlich sehr anstrengend war, wurde nur tagsüber gearbeitet. Wöchentlich konnten in einer großen, gut ausgelasteten Ross-Ölmühle mit 4-6 Arbeitern und 6-8 Pferden etwa 100 Tonnen Leinsaat und täglich ca. 15 Tonnen Saat ausgepresst werden. Dabei ergaben seinerzeit acht hölzerne Tonnen Leinsamen eine wirtschaftliche Ausbeute von etwa 500 Litern feinstem Leinöl.

Die Ölfertigung aus Leinensamen hinterließ im ausgepressten Abfall bei den Bauern begehrte Nebenprodukte, nämlich Ölmehl und den so genannten Ölkuchen zur Tierfütterung. Die Kuchen wurden zu 2 Pfund gefertigt und das Tausend zu 12 Reichstalern verkauft. Die besten Leinsaat-Kuchen waren trocken ausgepresst, im Ofen gebacken, nicht zu fett und doch nahrhaft genug. Zur Fütterung wurden sie zerkleinert und meist dem Rindvieh und den Pferden als Trockenfutter zum Heu beigemischt. Hatte sich das Pferd an das neue Futter gewöhnt, erhielt es täglich einen halben Kuchen. Für diese Winterfütterung brauchten anfangs sowohl Bauern wie Tiere eine Eingewöhnungszeit, doch die Futternot über den Winter und schließlich die guten Erfahrungen taten ihr übriges. Auch Rübssaatkuchen konnte zugefüttert werden, allerdings wurde er vorher in Wasser aufgelöst und dann ein bis zwei Mal in der Woche dem Schweine- und Rindviehfutter zugegeben.

Auffällig sind die vielen Ölmühlen gegen Ende des 18. Jahrhunderts im Umkreis von Demmin. In Verchen arbeitete 1779 eine kombinierte Wasser- und Ölmühle, ebenso in Klenz, Klein-Tetzleben, Gehmkow (1731 erbaut), Buschmühle, Kummerow, Leistenow, Reudin, Strelow oder Wolde. Im schwedischen Pommern existierten zwei Ölmühlen, in Stralsund und Greifswald, und 11 Ölstampen, eine zu Wolgast, die übrigen zehn auf dem platten Land.

Die Ölmühle zu Greifswald existierte seit etwa 1740 und wurde nach 1770 vom Ölmüller und Kaufmann Jacob Wien betrieben. Aus seiner Produktion ließ er Anno 1773 21 Tonnen, 1776 28 Tonnen und Anno 1777 36 Tonnen Leinöl und 3 Ohm Rübsöl verschiffen. Anno 1778 verkaufte Wien 48 Tonnen und im Jahr 1779 75 Tonnen Leinöl per Schiffsversand.

Für die hohen Produktionszahlen in den Ölmühlen wurden als Ausgangsmaterial entsprechende Mengen an Leinsamen benötigt, die meist aus dem Ausland bezogen werden mussten. Denn die Bauern bauten Flachs hauptsächlich zu ihrem Garnbedarf für Bekleidung an; der Leinsamen fiel praktisch nur als Zusatzprodukt ab, den sie zur Ölmühle brachten und gegen Aufpreis in Öl, Leinmehl und Leinkuchen tauschten.

Im 19. Jahrhundert stieg der Bedarf an pflanzlichem und tierischem Öl (Tran) auch in Pommern enorm an. Tran wurde hauptsächlich aus Holland und aus Schweden (Gothenburg) zugeführt. Die Städte Stettin und Wolgast beteiligten sich selbst am Robben- und Walfang und schickten Walfangschiffe nach der Südsee und nach Kamschatka.

Während dieser Zeit baute man in der Provinz Pommern verstärkt Raps an, um daraus gewonnenes Öl insbesondere als Leuchtmittel zu verwenden.

In den städtischen Haushaltungen, öffentlichen Sälen und in den Kirchen hielt damals die Öl-Lampe Einzug, sie ergänzte oder ersetzte die einfachen Wachs- und Talgkerzen. In den pommerschen Städten wurden Straßenbeleuchtungen an den vornehmsten Straßen und Plätzen installiert. Bald stellte sich heraus, dass die Laternen oder mehrarmige Kandelaber übers Jahr literweise den Brennstoff Öl verbrauchte und es wurde nach kostengünstige Lösungen gesucht. Mit der modernen Dampfmaschine in der ersten Hälfte des 19. Jahrhunderts wurde zumindest in den größeren Städten Pommerns der traditionelle Olmüller verdrängt. In Stettin (einschließlich der Stadt Altdamm) entstanden von 1830 bis 1853 vier große Dampf-Ölmühlen, darunter die von Bierbach u. Co., die rund 120 Arbeitskräfte beschäftigten. Mit acht Raffinerien mit circa 120 Beschäftigten entstanden weiter Ölproduzenten, die das gewonnene Rohöl veredelten. Über den pommerschen Bedarf hinaus gingen große Mengen an Rohöl nach Berlin, Sachsen und in die Rheingegend. Für raffiniertes, veredeltes Pflanzen-Öl aus Pommern wurde England ein Hauptabnehmer. Das 19. Jahrhundert brachte mit Macht technische Neuerungen hervor und dazu gehörte auch, dass der pflanzliche Ölbedarf wieder zurückgedrängt wurde. Amerikanisches Petroleum begann das heimische Lampenöl zu ersetzen. Fast zeitgleich ließen die pommerschen Städte Gasanstalten einrichten, Anklam (1856), Greifswald (1858), Pasewalk (1864), Stettin (1848) oder Stralsund (1857). Der technische Fortschritt war nicht mehr aufzuhalten, das erzeugte Gas aus der Steinkohlenverbrennung brachte nunmehr die Stadtlaternen zum Leuchten.

Optiker

Die Optiker hießen früher auch Brillenmacher, Sehkünstler, Lichtkundige oder Augenglasschleifer. Erste Sehhilfen waren etwa seit dem 12./13. Jahrhundert durch so genannte Sehsteine in Gebrauch, (Kristall Beryll, spätmittelhochdeutsch - berille). Geschickte Spezialisten schliffen klare Edelsteine zu, um sie zur Vergrößerung der Schrift zu benutzen. Dazu wurden sie einfach auf das beschriebene Papier gelegt.

Von einem ungeformten Sehstein als erstem Vergrößerungsglas zu einer dünnen feinen Linse als Brillenglas, natürlich mit einer Halterung, war der technische Weg jedoch noch weit.

Im 14. Jahrhundert benutzten Mönche, Gelehrte, Stadt- und Gerichtsschreiber und einige Meister im filigranen Handwerk so genannte Eingläser oder Nietbrillen als Sehhilfen.

Frühe Brillenformen sind nur aus vereinzelten Beschreibungen und von Darstellungen auf Gemälden aus jener Zeit bekannt. Vornehme Leute mit den unförmigen, dicken Gläsern im Gesicht waren gar verpönt. Allgemein fanden die frühen Sehhilfen im Volk wenig Akzeptanz und gingen in die Eulenspiegelei ein.

Die ersten modernen Brillen wurden in Italien angefertigt, wo auch das qualitativ beste Glas hergestellt wurde. Denn das Glas sollte sehr rein sein, das hieß: ohne Grübchen, ohne Körnchen, ohne Blasen, ohne Wellen oder Streifen. Die frühen Brillenmacher waren technisch begabt und erfanden auf experimentellem Wege immer wieder neue Möglichkeiten die Sehhilfen zu verbessern. Das deutsche Handwerk der Brillenmacher etablierte sich im 16. Jahrhundert im Süden des Landes wie in Nürnberg, Regensburg und Augsburg. Ende des 18. Jahrhunderts entstanden Brillenmanufakturen im Königreich Preußen, so in Rathenow, Frankfurt a. O. oder in Schlesien. Zum Schutz der einheimischen Brillenfertigung erließ Friedrich II. in den Jahren 1773 und 1774 hohe Zölle auf die Einfuhr süddeutscher Brillenprodukte, die sich dann auch für das pommersche Handwerk günstig auswirkten. Allerdings entstand mit den Brillenmanufakturen auch eine Massenproduktion an einfachen Sehhilfsmitteln. Fahrende Händler auch bekannt als Hausierer, versuchten die „passende“ Brille an den Mann oder an die Frau zubringen. Die beste Möglichkeit dafür boten die regelmäßigen Markttage in den Städten. Außerdem waren die Ansprüche der Leute nicht groß, sie behalfen sich notdürftig und oft genügte es ihnen, ein Vergrößerungsglas zu besitzen.

Im ersten Drittel des 19. Jahrhunderts wurde nun individuell die Brennweite (Dioptrin) zumindest annähernd gemessen, wozu die damalige „Dioptik“ (Sehlehre) wichtige Erkenntnisse lieferte. Aufgrund der Messungen wurde die individuelle Sehhilfe angefertigt. Man begann bereits die Gläser nach ihrer Brennweite zu nummerieren. Die damaligen Brennweiten reichten von einer Skala von 1 bis 30.

Damit waren die Optiker nun in der Lage eine Weit- oder Kurzsichtigkeit festzustellen und Abhilfe zu schaffen. Die Form der Gläser ob rund, oval oder eckig geschliffenen, unterlag dem modischen Geschmack. Dasselbe galt auch für das gewünschte Brillengestell, allerdings richteten sich die Wünsche meist nach dem Geldbeutel.

Brillengläserfertigung war früher eine anstrengende manuelle Handarbeit, die Gläser wurden hauptsächlich mit dem Schleifstein geformt, der mit einem Fußschemel-Antrieb in Gang gehalten wurde. Sie wurden trocken und nass geschliffen, in konvexe, dickbauchige nach außen gewölbte Gläser für Weitsichtige und später in konkave, nach innen gewölbte Form für Kurzsichtige. Egal ob gerundet oder ausgehöhlt, diese Glasschleiferei war eine staubig und über die Jahre hinweg gesundheitsschädigende Angelegenheit.

Wie die Brillengläser, erfuhren auch die Brillengestelle eine historische Entwicklung. Bis Anfang des 18. Jahrhunderts gab es hauptsächlich die Draht- oder Klemmbrillen, die auch Nasenklemmer genannt wurden in verschiedenen Varianten. Die Nasenklemmer erwiesen sich fürs exakte Sehen oftmals als unzuverlässig, weil der richtige Abstand zwischen Nase und Augen schlecht fixiert werden konnte. Mit gleichem Handicap war die Lorgnette um etwa 1780 behaftet, das war eine durchaus elegante Lesehilfe mit einem oder zwei Gläsern und seitlichem Stiel, der zunächst starr und später mit einem beweglichen Gelenk angebracht war.

Die große Aufwertung der Brille trat mit dem sogenannten „Ohrenhalter“ ein. Mit dieser technischen Halterung wurde die heutige, moderne Brille seit etwa 1790 Markt bestimmend. Die technische Veränderung war quasi revolutionierend für den alltäglichen Gebrauch der Sehhilfe, zwei Augengläser wurden in einem Bügel eingefasst, der auf der Nase ruht und mit verlängerten Seitenflügeln aus Messing oder Horn sich hinter die Ohren haken ließ.

Seither wurde die Brille auf allen möglichen praktischen Lebensgebieten umworben. Ob als Schutzbrillen gegen Wind, Staub und Regen, Schirmbrillen für belastete Augen wie beim Schreiber oder mit Lupen für Uhrmacher oder Botaniker. Die Gläsereinfassungen gab es in Silber, versilbert sowie aus Schildpatt oder Horn.

Als Spezialisten ihres Fachs wandten sich die besten Meister auch der Herstellung und Verfeinerung von Mikroskopen oder Ferngläsern zu und betitelten sich als Optiker und Mechanikus zugleich. Friedrich Adolph Nobert aus Barth (geboren 1806) brachte es zum Beispiel damit zum anerkannten Universitätsmechaniker in Greifswald.

Papiermüller/Papiermacher

Bis Anfang des 15. Jahrhunderts war Pergament (dünnes, feinstes Leder) der übliche aber kostbare Beschreibstoff, insbesondere für Beurkunden. Papier kam erst später auf und lief mit der massenhaften Herstellung dem Pergament den Rang ab. Allerdings war in Pasewalk noch um 1782 mit Johann Conrad Becherer und Sohn ein einziger Pergamentmacher in Pommern tätig, der selbst mit Spezialwünschen seiner Auftraggeber nur mühsam seinen Lebensunterhalt verdiente. Durch die Entwicklung des Buchdrucks und Buchhandels hatte seit dem 16. Jahrhundert der große Bedarf an Papier in verschiedenen Qualitäten unumkehrbar eingesetzt. Insbesondere war in den fürstlichen Kanzleien zu Wolgast und Stettin sowie an der Universität Greifswald der Papierbedarf hoch. Papier wurde eine brauchbare gute Handelsware.

In Pommern war alles vorhanden, was man zur Papierherstellung brauchte: Lumpen und die natürliche Wasserkraft. Ein erfahrener Papiermacher schrieb 1766: „Die Wasser in Pommern und in der Mark (Brandenburg) sind gut, nur dass sie viel Sand mit sich führen," wodurch sich das Papier gelblich färbte und auch unrein wurde, was die Qualität der Papierherstellung wieder minderte.

Die technischen Voraussetzungen für die Papierfertigung waren ursprünglich sehr einfach und blieben für eine lange Zeit unverändert. Zuerst wurden Lumpen gekocht, zerstoßen und solange geschlagen, bis eine breiige Masse daraus entstand. Diese Masse wurde mit Wasser verdünnt, um sie in Formen schöpfen zu können, woraus am Ende des Herstellungsprozesses Papierlagen entstanden.

1579 bat Herzog Ernst Ludwig (1545-1592) seinen mecklenburgischen Amtskollegen, Herzog Ulrich (1527-1603) ihm einen Papiermacher zu empfehlen. Er beabsichtige in Pommern nach dem Vorbild von Mecklenburg eine heimische Papiermühle anzulegen. Papiermanufakturen entstanden dann bei Greifswald oder im hinterpommerschen Stolp.

Im ehemaligen herzoglichen Amt Eldena, dass die Universität Greifswald vom Herzog Bogislaw XIV. (1580-1637) als Geschenk erhielt, etablierte sich hauptsächlich die vorpommersche Papierfertigung. In Hanshagen ist schon um 1594 eine bestehende Getreidewassermühle zur Papiermühle umgerüstet worden. 1788 etablierte sich in der benachbarten Ortschaft Kemnitzerhagen durch den Papiermacher Hornig eine zweite

Papiermühle am Hanshäger Bach. Er erhielt die Mühle von der Universität in hundertjähriger Erbpacht. 1798 übernahm der Papiermacher Gildemeister (ehemals Apotheker in Greifswald) die ältere Papiermühle in Hanshagen von der Universität, ebenfalls in Erbpacht. Mit diesen beiden Manufakturen bestanden per 1802 in der Provinz Pommern insgesamt 12 Papiermühlen mit etwa 70 Gesellen.

Auch bei den Papiermüllern entwickelten sich eigene Handwerksgewohnheiten heraus, obwohl sie nicht zünftig organisiert waren. Lehrlinge hatten eine Probezeit zu absolvieren und mussten 4 Jahre und vierzehn Tage in die Lehre gehen. Sie erhielten während der Lehrzeit etwa 8 Reichstaler pro Jahr zum Unterhalt und dazu täglich Essen, Schlafstatt und angemessene Kleidungsstücke vom Meister. Während der Wanderschaft durfte ein Geselle in jeder Papiermühle über die Landesgrenzen hinaus einkehren. Eine Meisterprüfung mit Fertigung eines Meisterstücks kannte man bei den Papiermachern nicht.

Papiermüller, Gesellen und Lehrlinge waren Frühaufsteher. Man musste übers Jahr die Zeit nutzen, denn über den Winter konnte eine Wassermühle nicht arbeiten. Auch lang anhaltende trockene Sommertage kamen manchen Gesellen nicht ungelegen, denn stand der Hanshäger Bach trocken, so musste die Arbeit ruhen. Ansonsten herrschte auf der Papiermühle immer eine organisierte Arbeitsteilung, die sich in der Stellung der Arbeitsleute zeigte. Der Meister oder ein verantwortlicher Mühlenbereiter dirigierte den gesamten Arbeitsablauf, so dass jeder Geselle und Lehrjunge mit dem anderen Hand in Hand arbeitete. Der Büttgesell war der Rangerste, er schöpfte mit dem formgerechten Drahtsieb aus dem Lumpenbrei den Papierbogen und gab den Arbeitsrythmus an. Der Gautscher stülpte das empfangene Sieb um und platzierte die geschöpfte Papierlage zwischen die Filze zum Pressen. Auf diese Art wurden etwa 180 Bogen übereinander abgelegt, um sie zu pressen. Später entnahm der Leger die zu Papier gepressten Lagen einzeln heraus und der Stubengesell besorgte die Appretur (Oberflächenbearbeitung, bei Schreibpapier mit Leim).

Die Papiermühlen bei Greifswald versorgten insbesondere die Universität und die Regierungsbehörden von Schwedisch-Pommern mit Schreib-, Brief-, Noten- und Druckpapier.

Mit der Übernahme des nördlichen Vorpommerns durch Preußen wurde der Papierexport ins Ausland verboten, um den heimischen Papierbedarf abzusichern. Und doch wurden Klagen laut, dass Hanshagen und Kemnitzerhagen insbesondere weiße Papiere für den Buchdruck nicht in ausreichender Menge liefern konnten. Etliche Versuche um 1818-20, anstatt aus Lumpen mit Hilfe von Seegras das begehrte Papier zu fertigen, scheiterten an der schlechten Qualität.

Gegen 1849 existierten in der Provinz Pommern insgesamt 17 Papierfabriken (mit 22 Bütten, 3 Maschinen und 227 Arbeitern), davon im heutigen Vorpommern: Demmin (1), Franzburg (1) und in Greifswald (2).

Einem Bericht der Regierung zu Stralsund zu Folge, war bis etwa 1858 im akademischen Amt Eldena die Papierproduktion eingestellt worden: „Nachdem die beiden Papierfabriken zu Hanshagen und Kemnitzerhagen eingegangen sind, und ihre Wasserkraft zu gewöhnlichen Getreide- und Mahlmühlen verwendet wird, befinden sich (im Regierungsbezirk Stralsund) Fabriken im Sinne der Papierfertigung nicht mehr."

Sattler

Die Entwicklung des Sattlerhandwerks in Pommern war zunächst hauptsächlich auf die Herstellung von Pferdesätteln spezialisiert. Bei Strafe war den Sattlern verboten Riemerware: Geschirr oder Zaumzeug, herzustellen. Doch durch den arbeitsmäßigen Umgang mit dem Ledermaterial lag auch die Riemenfertigung in ihren Fähigkeiten. Der Sattler konnte den Riemer durchaus ersetzen, umgekehrt konnte aber kaum ein Riemer anständige, solide Sattel anfertigen. 1721 setzte die preußische Regierung dem Streit ein Ende und ließ in Pommern die Gewerke der Sattler und Riemer vereinen. Frühe Nachrichten aus dem Sattlerhandwerk in Anklam stammten von 1761. Anfang des 19. Jahrhunderts gab es in Anklam das „Vereinigte Loh- und Weißgerber-, Kürschner-, Sattler-, Riemer, Seiler- und Tapezierer-, Hut- und Handschuhmacher-, Tuchmacher- und Webergewerk."

Der Anspruch, dass jeder Sattel ein Unikat sein sollte, war ursprünglich mehr die Ausnahme als die Regel und dem fürstlichen Hof vorbehalten oder wenn der adlige Herr vom Lande gutes Geld zahlte. Oft musste der Sattler mit seinen Produkten in Serie gehen, beispielsweise wenn durchs Militär lohnende Aufträge in Aussicht standen. Das betraf hauptsächlich die Kriegszeiten, sodass Sattler gelegentlich an der Kriegskonjunktur teilnehmen konnten. Die Sattler rüsteten 1813 französische Ulanen aus und nach deren Rückzug belieferten sie Blüchers Armee, die durch Norddeutschland zog. An Militär, das ständig auszurüsten war, mangelte es in Pommern auch zu Friedenszeiten nicht. Zwar standen in den Garnisonen auch Sattler in Diensten, doch waren sie meist Gesellen. Sie fertigten einfache Sättel an oder kamen oft nicht über Reparaturarbeit hinaus. Die preußischen Offiziere verlangten dagegen nach einer besseren Qualität und suchten sich ihre Sattler an Ort und Stelle. Beste Qualitätsarbeit zeigte sich darin, dass der Sattel sowohl zur Anatomie des Pferdes als auch zum Reiter passte. Das erforderte einen weichen, federnden Sitz sowohl für den Reiter und für das Pferd anzufertigen wodurch eine gute Beinbewegung möglich war. Allerdings gab es in der praktischen Umsetzung wie gesagt einige Hindernisse. 1866 konnten in der Garnisonsstadt Pasewalk 5 Sattlermeister existieren.

Zur Grundlage der Sattlerarbeit gehörte die Anfertigung des Sattelbaums, womit ein Grundgerüst für die weitere Arbeit gebildet wurde. Er wurde meist aus Buchenholz angefertigt, in elf Einzelteilen grob gehauen, dann geschnitzt, geformt und zusammengesetzt, dafür gab es eine deutsche und eine englische Variante. Ob zu dieser hochwertigen Holzarbeit ein jeder Sattler befugt war oder ein Schreiner, Stellmacher oder Tischler bestellt wurde, war regional verschieden und meist im Amtsprivileg festgelegt. Wichtig war, dass sich der Sattelbaum dem gekrümmten Rücken des Pferdes anpasste und daher formgerecht nachempfunden wurde. In der Sattlersprache hieß es „eine Tracht anfertigen" und wurde oft als Meisterstück gefordert. In heutiger Zeit hat es der Sattelmacher unkomplizierter, er kann auf industriell geleimtes Sperrholz, Plaste, Metall und Federn zum Sattelbaum zurückgreifen.

War der hölzerne Sattelbaum hergestellt, wurden zwei Gurte angenagelt, über diesen Leinwand ans Holz geleimt, darauf gepolstert, ausgefüttert und abschließend mit Leder überzogen. Von der Form und Funktion her gab es die verschiedensten Sattelanfertigungen: deutscher, englischer, ungarischer, japanischer Sattel, Damensattel, Turniersattel, Jagdsattel, Offizierssattel usw. Der Damensattel, auch Quersattel, genannt, sollte den Damen das Reiten erleichtern, das wurde erreicht mithilfe einer Lehne im Rücken und einem Brett zum Aufstellen der Füße. Von der Sorte gab es noch verschiedene einfache Ausführungen und je nach Bedarf und Vorstellung der Dame. Man darf dabei nicht vergessen, dass Pferde bis zum 19. Jahrhundert zum Haupttransportmittel sowohl in der Stadt und ganz besonders auf dem Land gehörten.

In der Zunftzeit führten die Sattler ein geschenktes Handwerk, die Gesellen erhielten auf der Wanderschaft vom Meister entsprechend Unterstützung für Kost und Logis. In Nürnberg und Augsburg mussten die Sattler zum Meisterstück zwei große Turniersättel, mit Sammet oder Tuch überzogen, anfertigen. Hier im Norden wurde als Meisterstück ein kompletter deutscher Sattel, nebst Zaum und Halfter; ein Frauenzimmersattel und ein vollständiges Pferdegeschirr verlangt.

Im Verlauf des 19. Jahrhunderts vollzogen sich durch steigenden Transport-, Post- und Kutschreiseverkehr im Sattlerhandwerk moderne Wandlungen, die das Handwerk noch einmal aufwerteten. Die ständig steigende Zahl der Personenbeförderungen bedingte den Bau von neuen Kutschwagen, Droschken im Post- und Reiseverkehr und dergleichen. Sattler fanden ein gutes Auskommen, denn von ihnen wurden Sitzbänke aller Art gepolstert und bezogen. Außerdem wurden damalige Kutschwagen, Chaisen, Droschken innen wie außen mit Leder verkleidet, um sie vor Witterungseinflüssen beständiger zu halten. Auch dieses Arbeitsfeld eroberten sich Sattler und Tapezierer.

Schiffszimmerleute/Bootsbauer

In großem Flor, wie damals so schön gesagt wurde, stand der Schiffbau ab etwa 1770 in Ueckermünde. Das lag unter anderem daran, dass 1740 der erbaute Hafen in Swinemünde die verkehrstechnischen Voraussetzungen für Handel und Wandel auf dem Wasser gebracht hatte. Er diente als gemeinschaftlicher Seehafen mit einer Fahrrinne nach Stettin und betraf hauptsächlich die Städte Swinemünde, Stettin, Ueckermünde, Anklam, Demmin, Wollin und Stepenitz. Der Seehandel war um diese Zeit so bedeutend angewachsen, da Stettin und das pommersche Hinterland vorrangig auf diesem Weg mit Waren und Gütern versorgt wurden, so dass der Export florierte. Noch im Jahr 1859 liefen Swinemünde 3120 Seeschiffe an.

Aufgrund der geringen Fahrtiefe durchs Haff zwischen Swinemünde und Stettin mussten seit 1740 die Kaufmannswaren auf Reede vor Swinemünde auf kleinere Leichter umgeladen werden, was große Aufträge zum Bau von kleineren Schiffstypen brachte.

Die Werften von Ueckermünde bauten auch größere Seeschiffe für Meeresfahrten. Der meist gebaute Schiffstyp Anfang des 19. Jahrhunderts war die Galeasse, mit bis zu 90 Lasten und 25 Metern Länge, die insbesondere für den Getreidetransport gut geeignet war. Weiter gab es Schoner, Schonerbriggen, Schonerbarken, Briggen und Barken als aktuelle Bautypen.

Die Werften an der Uecker bauten für einheimische Reedereien oder erhielten Aufträge von außerhalb. Allerdings standen in den Jahren der napoleonischen Kontinentalsperre (1806-14) auch hier Schifffahrt und Schiffbau still. Ab den 20-er Jahren des 19. Jahrhunderts entwickelte sich die Handelslage wieder günstiger.

Um ein neues Schiff zu erbauen, wurde zwischen dem Auftraggeber und Schiffsbaumeister einen Kontrakt abgeschlossen, der enthielt: Größe des Schiffs, Schiffstyp, Beschaffenheit und Ausrüstung, Zeit der Ablieferung und Bezahlung. Zur Ablieferung wurde das Schiff vollständig in see- und segelfertigem Zustand übergeben. Ein Bauauftrag galt vertraglich als abgeschlossen, wenn die Zimmermannsarbeiten begannen. Unter Leitung und Verantwortung eines erfahrenen Schiffsbaumeister liefen sämtliche Bildhauerarbeiten, Blechschmiede-, Blockmacher-, Böttcher-, Glaser-, Kupfer-, Mahler-, Reifer, Schmiede-, Schlosser und

Segelmacherarbeiten ab. Zur Bezahlung des Schiffes waren Ratenzahlungen zu genau festgelegten Bauabschnitten und Terminen üblich. Zum Schluss leistete der Schiffszimmermeister vor dem Rat einen Eid, dass er mit seinen Arbeitern das benannte Schiff erbaut habe, worauf der Bielbrief (Schiffsfahrzeugpapiere) ausgestellt wurde. Da die Zimmerung wesentlich die Güte des Schiffs ausmachte, enthielt der Bielbrief auch stets den Passus des „tüchtigen und gesunden eichenen Bauholzes". Seine Aushändigung an den Reeder erfolgte erst nach geglücktem Stapellauf und nach der Schiffstaufe.

Für den Segelschiffbau in Vorpommern gab es Schiffsbauplätze an den Flüssen Barthe, Ryk, Peene, Oder und Uecker, die an die jeweiligen Schiffsbaumeister von den Städten verpachtet wurden. In Wolgast war vor dem Wassertor ein Platz bestimmt. Die Pacht erhoben die Städte unter der Bezeichnung eines Kielgeldes.

Nach einer Erhebung der preußischen Admiralität arbeiteten im Jahr 1855 insgesamt 188 Schiffszimmergesellen in den drei Städten Barth (80), Ueckermünde (72) und Wolgast (36). Die 72 Ueckermünder Gesellen und dazu 49 Lehrjungen fanden bei 2 Schiffsbaumeistern Lohnarbeit.

Der Neubau eines hölzernen Schiffs dauerte mitunter 1-2 Jahre, je nach Auftrag und Typ. Für die Zimmerleute kamen ständig Reparaturen und Ausbesserungen an anderen Schiffen hinzu, die durch Sturm, Strandung, Fäulnis oder Havarien seeuntauglich geworden waren. Die pommerschen Schiffsbaumeister beschäftigten in der Regel 10 Zimmerleute, rühmliche Ausnahme bildeten einige Werften, die zeitweise bei ausgezeichneter Auftragslage bis zu 40 Gesellen Arbeit geben konnten.

Die Arbeit der Schiffszimmerleute erwies sich als eine körperlich anstrengende Tätigkeit. Sie wurde hauptsächlich in der hellen Jahreszeit ausgeübt, in Stralsund und Greifswald vom 14. Februar bis 14. Oktober und zwar von 6 Uhr morgens bis 8 Uhr abends, denn im Winter blieb wegen der Witterung die Arbeit fast gänzlich liegen. Eingerechnet in den langen Arbeitstag waren Freizeiten zum Frühstück ½ Stunde, zum Mittagessen 1 Stunde und zum Abendbrot ½ Stunde. Der Tagesverdienst lag in Stralsund, Stettin oder Greifswald um 1850 etwa bei 17 Silbergroschen. Für jede Überstunde wurden 2 Silbergroschen gezahlt. Dazu kam gewöhnlich die Erlaubnis das Abfallholz als Brennholz für die Familie nutzen zu können. Bei Reparaturen gaben einige Werften eine kleine Zulage von 8 Pfennigen oder reichten einen „Spund" Branntwein.

Für den Beruf des Schiffszimmermanns musste eine dreijährige Lehrzeit absolviert werden. Nach Erteilung der Lossprechung und Erhaltung des Lehrbriefs war man ein Werkmann. Innerhalb eines Jahres war die Wanderschaft anzutreten, so erfolgten 1 Jahr Arbeit an einem fremden Ort und 1 Jahr Seefahrt. Ohne Seefahrtsnachweis erfolgte keine Gesellenaufnahme in die Zunft, denn der Zimmermann sollte Erfahrungen über Schiffe und Seefahrt mitbringen. Eine zweijährige Seefahrtpraxis wurde dann auch Voraussetzung für den Erwerb des Meistertitels.

Schlosser

Die Schlosser gehörten im Mittelalter zu den Kleinschmieden, als den Metall verarbeitenden Gewerken, so wie die Nadler, Schwertfeger oder Messerschmieder auch. Sie bildeten in den pommerschen Städten eigene Ämter oder vereinigten sich, wenn es zahlenmäßig geboten war, mit artverwandten Gewerken. In Ueckermünde hieß der vereinigte Bund: „Schlosser und Sporn-, Uhr- und Windenmacher", deren erste erhaltene Amtsrolle vom 26. Juni 1749 stammt. In Greifswald gab es die gemeinsame Zunft der „Schlosser-, Zeug- und Zirkelschmiede", 1843 mit 22 Meistern und 33 Gesellen.

Bereits im Mittelalter wurde mit der Verfertigung von Schlössern und dazugehörigen Schlüsseln ein natürliches Sicherheitsbedürfnis erfüllt, das galt sowohl für den Privatmann wie auch für die Öffentlichkeit. Die Stadttore von Anklam, Penkun oder Pasewalk wurden nach öffentlicher Bekanntgabe regulär des Abends geschlossen und morgens geöffnet. Ein jeder hatte davon Kenntnis und fühlten sich die Stadtbewohner auf diese Art geschützt vor Dieben, Räubern, Vagabunden usw.

Die Produkte der Schlosser waren überaus begehrt, selbst die verschiedenen pommerschen Handwerksämter waren allesamt auf Schloss und Schlüssel angewiesen. Denn wichtige Amtsschriften und nicht zuletzt die Barschaft wurden in einer mit zwei Schlössern versehenen Lade verwahrt. Es gab auch Laden die mit 3 und mehreren Schlüsseln gesichert wurden. Wohlbehütet unterstand die Lade dem wortführenden Altermann, er besaß einen Schlüssel und der zweite Altermann verwahrte ebenfalls einen Schlüssel. Denn mit mehreren Schlüsselbesitzern sollte jedweder Missbrauch an der Lade verhindert werden. Aber auch Reisende benutzten bereits verschließbare Kisten und Truhen; um sie durch die fahrende schwedische Post von Stettin nach Hamburg, über Demmin, Rostock und Wismar, vor Wegelagerern und Diebereien möglichst zu sichern.

Schlosser waren sehr gewandte Handwerker, die nach dem Bedarf der Leute arbeiteten. Es gab wohl kaum nützliche Dinge, die sie nicht herstellten. Zum Beispiel verfertigten sie auch Türanklopfer in jeder Art vom zierlichen Ring bis hin zum kräftigen Hammer, welche an Haustüren hingen und zum Einlass (Klopfen) dienten. Schlosserarbeiten wurden ebenso bei Hausbauten gebraucht, dazu zählten: Beschläge, Scharniere, Bänder, Riegel, Haus- und Stubentürdrücker aus Eisen, die sie auf Bestellung für das Baugewerk zu arbeiteten. Sämtliche hölzernen Türen und Fenster wurden mit den Eisenteilen zusammengehalten oder beweglich gemacht. Unter der Bezeichnung Anker schmiedeten sie eiserne Kreuze, die dem Mauerwerk im Giebel den Halt gaben.

Die Arbeit im Schlosserhandwerk war vielseitig, weshalb auch die Werkstatt auch stattlich ausgerüstet war, wie aus dem Testament und Nachlass des Schlossermeister und Achtmanns Franz Nicolaus Schilling zu Wolgast aus dem Jahr 1858 nachzulesen ist. Zu seinen wichtigsten Werkzeugen gehörten Amboss, Schraubstock, Hämmer, Dorn, Meißel, Bohrer, Feile, Zange und Blechschere. Als Hilfsmittel für schwierig zu formende Gegenstände wurden Stempel, Punzen und Grabstichel gebraucht. Nicht zu vergessen die verschiedenen Messinstrumente, die zur Berechnung und Einhaltung der Maße dienten. In der Werkstatt stand die Esse, um überhaupt die schweren Schmiedearbeiten in die Form bringen zu können. Der Amboss des Schlossers unterschied sich vom Amboss des Grobschmieds nur durch die Größe, er wog etwa 2 Zentner. An der schmalen Seite war noch ein Horn angebracht, dass Sperrhorn hieß, da der Schlosser beim Schmieden oft das Eisen biegen musste. Außer dem Schmiedeamboss benutzt der Schlosser zusätzlich einen Stockamboss.

Im alt ehrwürdigen Schlosserhandwerk betrug die Lehrzeit 3-4 Jahre. Vom Lehrling wurde gefordert, dass er männlichen Geschlechts, getauft, moralisch unbescholten und von beglaubigter ehelicher Herkunft war. In der Regel waren die Jungs 14 Jahre alt. Im 16. Jahrhundert konnte sich ein Schlossergeselle nach 2 Jahren Wanderschaft um eine Meisterstelle bewerben. Als Meisterstück wurden drei verschiedene Schlösser gefordert. Aber die wahre Meisterschaft zeigte sich in seinen vollendeten Arbeiten, z. B. in einem Schloss für eine Kirchentür. Denn Schloss und Beschlag wurden technisch-zweckmäßig und im Verhältnis dem jeweiligen Raum ästhetisch angefertigt. Von den frühen Erfindungen gibt es noch heute den so genannten Bartschlüssel z. B, er ist bis in die heutige als Grundform des gebräuchlichen Schlüssels erhalten geblieben. Eine Schlossfertigung begann immer mit dem Schmieden des Schlüssels aus einem Eisenstab; am vorderen Ende war der breite Bart über dem heißen Feuer zu schlagen, zu formen und daran mit Sägen, Feilen die einmaligen Einarbeitungen vorzunehmen, das hintere Ende bekam die gerundete Reute (Griff) geschmiedet. Genau nach dem Profil des Schlüsselbarts wurde das Schlossinnere so exakt gefertigt, dass nur dieser und kein anderer Schlüssel passte.

Seitdem 16. Jahrhundert kannte man das deutsche und danach das verbesserte französische Schloss. Die erste Variante war ein einfaches Türschloss, dabei ließ sich der Schlüssel nur halb drehen, demzufolge wurde der Riegel auch nur wenig verschoben und so bot das Schloss nur wenig Sicherheit. Aber man brauchte damals zum Öffnen eines Geldkastens mit halber Drehung einen kolossalen Schlüssel, der außerdem zum Schließen viel Kraft erforderte. Das änderte sich mit einer modernen Erfindung ab 1728. Ging aber der Schlüssel verloren, war die Not groß und es musste ein Handwerker gerufen werden. Denn zu den Diensten des Schlossers gehörte auch das Aufsperren, wenn der Bürgersmann den Türschlüssel verlor und nicht in die Wohnung kam. Dann halfen die Gesellen und Lehrlinge mit dem Dietrich und Sperrhaken, allerdings nur mit Erlaubnis des Meisters, und erhielten dafür ein sattes Trinkgeld.

Mit der Entwicklung von Industrie und Technik Anfang des 19. Jahrhunderts verschlechterte sich die wirtschaftliche Situation der Schlosser. Anfangs konzentrierte sich die fabrikmäßige Herstellung von Schlosserwaren auf die massenhafte Produktion von Vorhängeschlössern, die keine große Sicherheit boten und auf die Erzeugung von Gewehrschlösser. Erst in der zweiten Hälfte des 19. Jahrhunderts verdrängten gegossene und getemperte Schlösser oder Schlossteile die handgeschmiedete Arbeit.

Die Industrialisierung zu Ende des 19. und Anfang des 20. Jahrhunderts entzog dem Schlosser seine traditionellen Arbeiten und brachte ihn in neue Arbeitsfelder. Jetzt mussten diese Maschinen gewartet und repariert werden, so wurden aus ehemals selbstständigen Schlossern oft Arbeiter bei der Pferdebahn in Stettin, der erste Straßenbahn Pommerns, auf den Fabriken, Werften, in der Brauerei usw.

Schmiede

„Ein heißes Eisen im Feuer haben"- das Schmiedehandwerk

Das Schmiedehandwerk ist der älteste metallverarbeitende Beruf und gilt als eines der frühesten Gewerke in der Arbeitskultur überhaupt. Auch in pommerschen Orten sind die Schmiede (Latein - faber) früh urkundlich nachweisbar.

Der „Smeed" lieferte im Mittelalter aus Eisen geformte Gegenstände für die Stadtarchitektur, Waffen zur militärischen Verteidigung und landwirtschaftliche Geräte wie Pflüge, Eggen, Sensen, Spaten, Hacken usw. Die meisten Bürger von Anklam, Lassan, Pasewalk, Penkun Ueckermünde, Usedom oder Wolgast besaßen ein Stückchen Acker und dazu Wiesenland, hielten sich Vieh, zumindest zur Selbstversorgung. Und andere Einwohner, die sogenannten Ackerbürger, lebten gar ganz von der Landarbeit. Die Schmiedearbeit gehörte zu den wenigen Handwerksberufen, die unter eingeschränkten Handwerksregeln auch auf dem Lande ausgeübt werden durfte. In Stolzenburg bei Pasewalk führte 1794 der Dorfschmied zugleich eine Krugwirtschaft.

Erste urkundliche Nachrichten von vorpommerschen Schmieden stammen aus dem 15. Jahrhundert. 1452 bestätigte der Rat zu Greifswald die Zunftartikel der dortigen Schmiede. 1786 errichteten die Schneider, Schmiede und Fastbäcker von Greifswald eine gemeinsame Totenbeliebung (Sterbekasse). Die erste erhaltene Amtsrolle der Anklamer Schmiede stammt von 1651, per 1700 wurde sie von der schwedischen Regierung neu bestätigt. Bis 1874 bestand für die dortige Schmiedeinnung die Unterhaltungspflicht für ein Kirchenfenster in St. Nikolai.

Ein Schmiedeamt zu Ueckermünde ist seit 1586 nachweisbar. Eine Amtsrolle der Huf- und Waffenschmiede ist vom 07. Juni 1615 überliefert, die Herzog Philipp Julius (1584-1625) im selben Jahr (07. Juli) bestätigte. 1926 legte sich die damalige Schmiede- und Schlosserinnung eine Fahne zu.

Nach der Schwedischen Landesvermessung 1692-1709 lebten in der Stadt Usedom 2 Grobschmiede, einem ging es wirtschaftlich gut, dem anderen so leidlich; und ein Kleinschmied, der „lebet von seinem Handwerk kümmerlich". Um 1770 ließ die Schmiedezunft von Usedom im Dorf Gumzien an der Peene (in der Nähe von Krienke, Gumzien existiert heute nicht mehr) eine Schmiede anlegen, worauf der Gutsbesitzer von Borcke bei der Regierung heftig protestierte.

In Lassan bestand seit 1755 ein gemeinsames Amt der Schmiede und Schlosser, 1856 wurde die Schmiederolle erneuert. In Wolgast existierte in fürstlicher Zeit auf der Schlossinsel eine besondere Schmiede für die Bedürfnisse des Herzogshauses. Schon früh entstand auf Stadtgrund durch die örtliche Konzentration dieses Handwerks eine danach benannte Schmiedestraße. Die Schmiedestraße führte noch im 18. Jahrhundert vom „Bauwykertor“ zum Markt. Altermann von den Schmiedemeistern war der Meister Daniel Müller.

Mit dem Jahr 1778 übten im preußischen Pommern, Vor- und Hinterpommern zusammen, insgesamt 1121 Schmiedemeister ihr Handwerk aus. In Anklam arbeiteten 6 Schmiedemeister, in Usedom 3 und in Swinemünde 2 Meister mit Gesellen und Lehrlingen in der Huf- und Waffenschmiede. 1830 verzeichnete Lassan 3 Meister der Grobschmiede und 2 Meister der Nagelschmiede. Nach der Gewerbetabelle von 1861 boten in Pasewalk 13 Grob- und Hufschmiede mit 17 Gesellen und Lehrlingen ihre Leistungen an, Penkun vermeldete drei Grob- und sechs Kleinschmieden und Lassan 4 Grob- und 4 Kleinschieden.

Im 19. Jahrhundert veränderte sich die wirtschaftliche Grundlage der Schmiede. Mit dem Vordringen der Industrie wurden die meisten landwirtschaftlichen Gerätschaften in den Fabriken hergestellt, das traditionelle Schmiedehandwerk in den Städten auf Reparaturen eingeschränkt und insgesamt weitgehend zurück gedrängt. Teilweise gelang es dem Handwerk im Bereich der Schmiedekunst wieder an Bedeutung zu gewinnen, als die Architektur sich besann, wieder auf geschmiedetes Eisen für Denkmale, Gitter, Portale, Zäune, Beleuchtungen, Tische, Stühle, Gartenplastiken, Gartenschmuck, Glockenzüge, Sonnenuhren, Wetterfahnen, Grabkreuze etc. zurückzugreifen. So ergab sich beispielsweise durch die Errichtung moderner Straßenbeleuchtungen (mit Öl, Petroleum und Gas) zeitweilig eine gute Auftragslage.

Der Regierungsbezirk Stralsund, zu dem u. a. Greifswald, Lassan und Wolgast zählten, registrierte im Jahr 1905 286 Schmiedemeister mit 223 Gesellen und 248 Lehrlingen.

Bei den Schmieden führte ein langer Weg zur Meisterschaft. Die Lehrzeit dauerte 3-4 Jahre, dann folgten 2 Wanderjahre in die Fremde, um Berufserfahrung zu gewinnen und dann das Meisterstück. Vom Grobschmied verlangten alte Gildenordnungen im Haus des Altmeisters eine „Axt, ein Huffeisen und eine Mistforoke“, und in Anwesenheit der anderen Meister, anzufertigen.

Das Schmieden musste schon gut gelernt sein. Feuer, Eisen, Hammer und Amboss waren die besonderen Arbeitsgegenstände und übten von je her eine große Anziehungskraft auf den Menschen aus. Aus der Erde erhielt der Schmied sein Rohmaterial, die Luft lenkte er so, dass sich die Glut in der Esse entfachen konnte. Feuer und Hitze dienten zur Formung des Eisens und schließlich nutze er das Wasser, um seine Produkte zu härten. Auf diese Weise wurde ein hartes, scheinbar unzerbrechliches Material, nur mit Manneskraft des Schmieds und seines Knechtes bearbeitet: Formen, Biegen, Spalten, Feuerschweißen und Brechen gehörten zu den regelmäßigen Arbeitsschritten.

Im glühenden Zustand wurde das Eisen unter Verwendung verschiedenster Hämmer in die Form gebracht. Zur Kennzeichnung der richtigen Temperatur schuf der Schmied sich eigene Begriffe: „Rotglut", „weißwarm" oder „kirschrot". Jeder Arbeitsgang erforderte besondere Glutzustände des Eisens, die noch nicht durch Hilfsmittel messbar waren (etwa ein Thermometer). Der erforderliche Glutbrand war also eine praktische Sache der Erfahrung, die ein Lehrling nur vom Meister erlernen konnte. Um den „Meister des Feuers" rankten sich in den Märchen und Geschichten viel Mystik und Magie.

Wichtig war die Qualität des Grundmaterials Roheisen, meist als Stab- und Stangeneisen oder Flacheisen gehandelt. Die Schmieden bezogen ihr Roheisen in der Regel aus umliegenden Eisenhütten. Bedeutende Eisenhütten befand sich im 16. Jahrhundert in Jasenitz vor Stettin und bei Eggesin im Amt Ueckermünde. Das qualitativ beste Eisen zum Verschmieden kam aber von weiter her über der Ostsee, aus dem benachbarten Schweden unter dem Namen Ösamund, das ein besonders „aufgefrischter Stahl" war. Daraus verfertigte Schmiedeware kam dem Käufer meist sehr teuer im Preis, doch die Qualität in Haltbarkeit und Gebrauchseigenschaften war unübertrefflich.

Das 20. Jahrhundert machte Schmiedearbeit erneut interessant, nicht ausschließlich als Handwerk, sondern als Rädchen im industriellen Fertigungsprozess, der Schmied als Lohnarbeiter wurde gefragt.

Heutzutage lebt Schmiedearbeit hauptsächlich in speziellen Dienstleistungen im Metallbau sowie im kunstgewerblichen und kulturhistorischen Bereich. Durch eine neue Renaissance des Pferdes generell, leben Pferdesport und Pferdezucht wieder auf und damit ist das gute alte Handwerk auch wieder gefragt.

Schornsteinfeger – die Feuermäuer-Kehrer

Der Schornsteinfeger als eigenständiger Handwerker gehört zu den jüngeren Professionen und wurde früher regional bekannt unter den Bezeichnungen Schlot- und Winkelfeger, Rauchfang- und Kaminkehrer. Geschlossene Schornsteine aus Steinmaterial kamen relativ spät im städtischen und ländlichen Hausbau zur Pflicht. Dafür waren staatliche Verordnungen notwendig, die immer wieder geprüft und verändert wurden, mit Androhung von Strafen wurden sie dann energisch durchgesetzt. Damit treten die schwarzen Männer erst in jüngerer Zeit im Handwerksgefüge auf.

Städtische Bürgerhäuser in Anklam, Demmin, Greifswald, Stettin oder Stralsund wurden frühestens im 15. und 16. Jahrhundert mit Schornsteinen ausgestattet, jedoch bei Weitem nicht alle Häuser. Dagegen waren gewerbliche Betriebe, wie Schmiede, Badestuben, Branntweinbrennereien, Darren, Bäckereien usw., aus der Natur der Sache heraus zum Schornsteinbau und zum Kehren verpflichtet. Durch die Verordnungen sollte einmal die Gesundheit der Handwerker geschützt werden und zum anderen, was generell ein großes Problem in vergangenen Jahrhunderten war, Brandgefahren für die ganze Stadtgemeinde zu verhindern. Oftmals reichte ein Brandherd aus um ganze Stadtviertel niederzubrennen, über grausame Feuersbrünste in den Stadtgeschichten gibt es reichliche Nachrichten.

Noch gefährlicher und qualmiger ging es auf dem platten Land zu, wo noch Ende des 18. Jahrhunderts die sogenannten Rauchhäuser standen. In Regel waren das Bauernhäuser ohne Schornsteinführung, in denen der Qualm vom Herd in den Dachboden aufstieg und von dort über kleine Öffnungen ins Freie abgeleitet werden sollte.

Oft reinigten die Hausbesitzer ihre Schornsteine noch allein, das mehr schlecht als recht oder die Maurer säuberten die Schlote, da sie mit dem Mauerwerk und mit der Konstruktion bestens vertraut waren. In den städtischen Badestuben stellte man für diese Arbeit Badeknechte an, sie reinigten die Öfen zusammen mit den Schornsteinen.

Die Schornsteine besaßen einen großen Querschnitt, um die 1 x 1 Meter für einen Zug war keine Seltenheit, und nach oben hinaus wurden sie beim Aufbau vom Maurer lang „gezogen“, um möglichst viele Räume und Öfen an den Rauchabzug anschließen zu können. Die spezielle

Reinigung erfolgte durch das Besteigen des Schornsteins von innen. Nicht selten kam es vor, dass Kinder diese schwere körperliche Arbeit ausführten.

In Preußen wurden ab 1822 von der staatlichen Bauaufsicht „enge“ Schornsteine, die sogenannten russischen Röhren im Durchmesser bis zu etwa 6 Zoll und mit Reinigungstüren, zugelassen. Diese neuen Röhren ließen sich vom Feger „nicht mehr befahren“. So begann sich die konsequente Reinigung der Schornsteine vom Dach aus durchzusetzen, die technische Kehrmethode vom Dach abwärts erfolgte mit den typischen Arbeitsgeräten: Besen, Kugel, Kratzeisen und Leiter. Jedoch nicht jeder Mann eignete sich zum Schornsteinfeger, denn es wurde eine sichere und angstfreie Kletterfähigkeit gefordert. Die körperliche Belastung hoch über den Dächern der Häuser war nicht jedermanns Sache. Wer hoch über den Dächern der Stadt arbeiten wollte, der musste unbedingt mutig und frei von Höhenangst sein.

Die Zunftbildung unter den Schornsteinfegern ging erst im 17. Jahrhundert vor sich und begann sich auch zunächst in den großen Städten wie Berlin, Leipzig oder Hamburg durch zu setzten. In den 16 Städten Vorpommerns gab es um diese Zeit insgesamt nur 9 aufgeführte Schornsteinfeger. In Pommern bildeten sich erst im 19. Jahrhundert zentrale Schornsteinfeger-Innungen für die Regierungsbezirke Stralsund, Stettin und Köslin heraus. Da arbeiteten in der Provinz Pommern insgesamt bereits 94 Meister und 134 Gehilfen. Die Einführung der Kehrbezirke war ein enormer Fortschritt und die Innungen brachten verbindliche Richtlinien für die Ausbildung. In der Regel wurde für den Gesellenberuf eine vier- bis sechsjährige Lehrzeit verlangt, wobei die Lehrlinge wie auch Gesellen noch bis ins frühe 20. Jahrhundert hinein im Meisterhaus wohnten.

In den meisten Kreisen und Städten entstanden damit auch Schornsteinfeger-(Zwangs)Kehrbezirke. Die Leute mussten nun ihre Wohnungsöfen in Ordnung bringen lassen, ob sie wollten oder nicht und da die Schornsteinfeger auch auf den Nahrungserwerb angewiesen waren, gab es gelegentlich heftige Auseinandersetzungen zwischen den Meistern bei Fremdarbeiten.

Mit dem Schornsteinfeger hatte es auch immer eine besondere Bewandtnis im Volksmund. Seitdem es den schwarz gekleideten Mann mit Zylinder gibt, gilt er zum Jahreswechsel als Glücksbringer für Jung und Alt. Den überlieferten Bräuchen nach bietet schwarzer Ruß einen gewissen Schutz gegen allerlei Gefahren, Krankheiten, bösen Geistern. Der

Schornstein dagegen war in der menschlichen Fantasie immer auch Ein- und Ausgang für allerlei finstere oder auch glückbringende Gestalten. Märchen und Sagen sind reich an diesen wundersamen Geschehnissen. Der Kamin oder der Kaminkehrer spielt traditionell in der Weihnachtszeit eine so große Bedeutung, dass die Feierlichkeiten quasi ausfallen würden, wenn es ihn nicht geben würde. Im wirklichen Leben war der Neujahrstag für den Schornsteinfeger tatsächlich sein besonderer Glückstag im Jahr. Denn das Schornsteinfegerhandwerk zählte zu den wenigen Berufen, denen es gestattet war, am ersten Tag des neuen Jahres an die Haustüren der Leute zu klopfen, zum neuen Jahr zu gratulieren und als Brauch eine Dankesgabe für geleistete Dienste zu empfangen. Und das war vielleicht auch die leichteste Art den schwarzen Mann mit dem Zylinder zu berühren und das Glück ins Haus zu holen.

Sporenmacher

Das Handwerk der Sporenmacher bzw. Sporer fertigte Reiterzubehör und alle möglichen Produkte für die Pferdetierhaltung an. Insbesondere der Pferdeverkehr auf den pommerschen Straßen gehörte ursprünglich zu dem täglichen Stadtbild dazu. In früheren Zeiten waren die Sporer daher ein notwendiges Handwerk, die als eine Spezialisierung aus dem Amt der Kleinschmiede hervorgingen, wie andere Gewerbe auch, so die Schwertfeger, Nagelschmiede, Uhrmacher, Ringmacher, Büchsenmacher und Windenmacher. Die Berufsbezeichnung leitet sich aus den im Mittelalter verwendeten Sporen ab, die von Rittern und Reitern unter dem Bügel des Eisenschuhs getragen wurden oder sie wurden über die Stiefel geschnallt. Als Variationen gab es Spitzdornsporen oder Stachelsporen, Letztere wurden im 13. Jahrhundert von den Radsporen abgelöst. Die Ritter verwendeten die Sporen als Rüstzeug, sie trugen den Sporn am linken Fuß, um dem Ross einen Druck nach rechts zur bewaffneten Hand des Gegners zu geben. Dem Pferd wurde auf diese Art im Kampf ein Zeichen gegeben. Im Verlauf der Zeit galten die Sporen als ein sichtbares Zeugnis von adliger und mitunter auch von städtischer Elite. Bis in das 19. Jahrhundert hinein wurden Sporen von ausgewählten Zivil- und Militärpersonen als Ausdruck von Rang und Stellung getragen.

Aus der Werkstatt der Sporermeister kamen ebenso Reit- und Fahrmundstücke (Pferdegebisse), Steigbügel, Striegel, Beschläge und Schnallen zu Pferdegeschirren, Stiefelhaken, Stiefeleisen und viele andere gebräuchliche Dinge für den Umgang mit Pferden. Die Sporer, wie die geläufige Bezeichnung war, arbeiteten kurzerhand als Zulieferer für die Fuhrleute und Ackerbürger der Städte, für die Landwirte Pommerns, für das preußische Militär oder die Postreiter, ja für jeden privaten Pferdehalter.

Als Material verwendeten die Meister weiches, schmiedbares Eisen und Eisenbleche, außerdem Essig und Salz zum Beizen der Metalle sowie Talg und Zinn zum Verzinnen ihrer Gegenstände. Zur Hitzeerzeugung für das Schmiedefeuer wurden üblicherweise Holz- und Steinkohlen genommen. Mitunter arbeiteten sie auch in Weißkupfer aus Kupfer und Arsenik, das dem echten Neusilber mit der Mischung von Kupfer, Nickel und Zink täuschend ähnlich war. Für hochwertige Arbeiten, wie für

Prunkreitzeuge hoher Herrschaften, nahmen sie auch Gold und Silber zum Verzieren, was jedoch selten vorkam. Als Werkzeuge benutzten die Handwerker Amboss, Hammer, Feilen, Schere, Stecheisen, Striegelhaueisen.

Die Lehrzeit im Sporerhandwerk betrug 2 bis 5 Jahre. Als Meisterstück wurden gewöhnlich bis Anfang des 19. Jahrhunderts 2 Mundstücke, 1 Paar durchbrochene Steigbügel und 1 Paar Sporen mit verborgenem Gewinde abverlangt.

Die Sporer fertigten verschiedenste Reit- und Lenkhilfen für Pferde, Artikel zu Pferdepflege und Aufstiegshilfen für die Reiter. Die meisten früheren Produkte werden noch heute in der Pferdehaltung und beim Pferdesport benötigt. Die Pferdestriegel wurden aus Metall mit vorne ausgestanzten Zinken hergestellt. Zur Bequemlichkeit des Aufsteigens dienten die Steigbügel als Teil des Sattels. Die Sporer fertigten sie in einfacher Form aus Eisen und rüsteten damit auch das Militär massenhaft aus. Als bessere Qualitäten erwiesen sich die Scharniersteigbügel und Federsteigbügel nach englischer Art, der beispielsweise ein Hängenbleiben verhindern sollte. Für den Luxus leisteten sich die hohen Herrschaften mit Silber und Gold überzogene Aufstiegshilfen.

Der altbekannte Hinweis an die jungen Reiter, dass das Pferd beim Druck mit den Schenkeln „flieht“ und durch den Druck, Zug mit den Zügeln der Richtung „folgt“, gilt noch heute.

Das komplette Pferdegeschirr bzw. das Zaumzeug bestand aus dem Mundstück, das vom Sporer gefertigt wurde und Zügel, Halter mit Riemen vom Riemer. Denn von seiner Natur her wird das Pferd hauptsächlich über das Maul und den Rücken gelenkt. Mit den Zügeln in der Hand, die über die Ringe mit dem Mundstück im Maul verbunden sind, führt der Reiter das Tier.

Für die Mundstücke verwendeten die Sporer nach ihren Erfahrungen gutes Eisen aus Schweden, dass sie auf dem Amboss in die Formen und Größen mit seitlichen Ringen schmiedeten. Anschließend wurde das Produkt mindestens 12 Stunden in eine Essig- und Salzbeize gelegt und somit gründlich für das Verzinnen gereinigt, wodurch eine feine glatte Oberfläche erreicht wurde, die letztendlich für das Pferd schmerzfreie Bewegungen bedeutete.

Die Konstruktion des Mundstückes war von zweifacher Art, einmal das gebrochene, leicht bewegliche Mundstück mit einem Gelenk in der Mitte, die Trense genannt und zum anderen das durchgehende Mundstück, die Kandare. Seit eh und je wird das Gebissstück im Pferdemaul in das zahnlose Stück zwischen vorderen Schneidezähnen und hinteren Backenzähnen gelegt und an beiden Enden rechts und links durch die Zügel mit der Hand des Reiters verbunden. Von den Grundformen erfanden die Sporenmacher viele Abwandlungen, so dass der technische Erfindungsgeist viele Neuerungen hervor brachte, doch häufig nicht tierschutzgerecht. Denn für jedes Pferdemaul sollte das Mundstück besonders ausgewählt und angepasst sein, damit es die entsprechende Wirkung erzielt und dabei aber für das Pferd erträglich ist. Natürlich wurde mit Mundstücken auf den Märkten und Viehmärkten in pommerschen Städten auch Handel getrieben, dort gab es die Mundstücke in verschiedenen Größen sozusagen von der Stange. Ein erfahrener und solider Sporer schaute jedoch dem Pferd zuerst ins Maul, um eine passgerechte Arbeit abzuliefern.

Früher wurden junge Pferde erst mit der Tremse eingeritten, sozusagen gezähmt, und später mit der Kandare geführt, was für die Tiere eine wesentlich härtere Gangart bedeutete. Die Kutscher nahmen die Pferde oft so hart an die „Kandare", das ihre Kutschpferde mit den Arbeitsjahren ein (zu) hartes Maul bekamen. Ob Trense oder Kandare, das harte Metall konnte auf die weichen Teile des Pferdemauls einen schmerzhaften Druck ausüben und die Freiheit der Zunge einschränken, deshalb mussten die Mundteile sorgfältig gearbeitet sein und der Reiter sollte mit einer milden Hand das Pferd führen. Meist kannten sich die Sporer nicht nur mit der Pferdeführung gut aus, ebenso wie vom Hufschmied wurden von ihnen allgemeine tierarztkundliche und besondere Anatomiekenntnisse vom Pferd abverlangt.

Schuhmacher

Die Schuhmacher waren ein wichtiges Leder verarbeitendes Gewerbe. Schuhbekleidung wurde jeder Jahreszeit angemessen getragen, es sei denn, Kinder und einfache Leute liefen in der wärmeren Jahreszeit auf „Schusters Rappen“. Die Schuster zählten mit zu den ältesten und vor allem zu den größten Gewerken, sie stellten daher die größte Anzahl der Handwerksmeister, Gesellen oder Lehrlinge. In der Stadt Usedom stammt die älteste Zunftordnung der Schuhmacher von 1525. In Ueckermünde erfolgte 1602 die Bestätigung einer Schuhmacherzunft, doch war dieses Gewerbe schon seit frühen Zeiten in der Stadt vertreten. Eine veränderte Anklamer Amtsrolle wurde 1672 vom Rat bestätigt. Die Schuhmacher-Zunft zu Swinemünde entstand nach der Stadtgründung im Jahr 1763 mit 8 Meistern, 1913 gehörten dieser Innung 113 Meister an. 1778 gab es in Anklam 48 Schuster, in Usedom 15 und in Wollin 32 Schuster.

In Anklam bildeten die Schuhmacher im Mittelalter gemeinsam mit den Wollenwebern, Bäckern, Schmieden und Tuchmachern das so genannte Viergewerk. Bedeutende Entscheidungen konnte der Anklamer Rat auch im 18. Jahrhundert ohne die Zustimmung der 12 Bürgerdeputierten und der Altermänner der Kaufleute, Bäcker, Schuster, Schmieden und Schuhmacher nicht vornehmen. Der Schusteraltermann Samuel Matzdorf wurde um 1448 zum Provisor (Verwalter) einer vom damaligen Bürgermeister Cölpin ins Leben gerufenen milden Stiftung eingesetzt; das noch heute existierende Gebäude in der Baustraße 13 erhielt im Volksmund den Namen „Schusterstift“. Andererseits standen die Gewerke auch unter Aufsicht und Kontrolle der Stadtverwaltungen. So mahnte der Rat von Usedom in der Bursprake (Bürgerordnung) von 1625 seine Schuster an, gute und tüchtige Schuhe zu machen und billig zu verkaufen, bei Verlust ihres Gewerks und des Rats Strafe.

Von Anfang an war dieses Handwerk sehr spezialisiert. Da gab es die Schuhmacher, die Schuhwerk in vielen Varianten herstellten. Weiter finden wir die Klippenmacher, sie fertigten die Holzpantoffeln für jung und alt an. Mitunter wurden sie auch als Glotzenmacher (glossere lat.) bezeichnet, weil die Holzpantoffeln im Vergleich zu Lederwaren sehr grob ausfielen, wie Holz-Klotzen usw. Diese Klippen waren eine Art Überschuhe aus Kork, Holz und mit Lederriemen, womit sie am Fuß festhielten.

Außerdem gab es die bekannten Altschuster beziehungsweise Altflicker (oltleppere niederdeutsch), die jegliches Schuhwerk reparierten, Schuhe in jedem Falle flickten, neu besohlten oder Absätze erneuerten. Allgemein blieb diese Dreiteilung des Schuster- und Schuhmacherhandwerks hier im Norden bis zur industriellen Schuhfertigung im 19. Jahrhundert erhalten. Innerhalb der wendischen Hansestädte war im Mittelalter die Zusammenarbeit der Schuhmacherhandwerke über die Stadtgrenzen hinaus ausgedehnt. Grundlegende Regeln, stets zum Wohle des Gewerks, wurden untereinander abgestimmt und vereinbart. 1533 trafen sich die Werksmeister aus den sechs Hansestädten Anklam, Demmin, Greifswald, Rostock, Stralsund, Wolgast und Wismar in der Hansestadt Wismar. Man hatte wohl allerhand Probleme mit den Gesellen der Zunft, so dass die Meister mit aller Härte gegen Missbräuche vorgehen mussten. Es wurde festgelegt, dass ein Geselle, der dem Meister weglief, verklagt werden könne und er sollte binnen drei Tagen die Arbeit wieder aufnehmen. Konnte er nicht erreicht werden, wollte man den Gesellen ein halbes Jahr von Stadt zu Stadt mit einem Brief verfolgen und seine Missetat per Steckbrief, der an ein schwarzes Brett öffentlich gemacht wurde, anprangern. Jedem Gesellen, der in diesen 6 wendischen Städten arbeitete, wurde außerdem das Glücksspiel mit Geld oder um Geld streng verboten.

Allgemein zählte das Schuhmacherhandwerk im Mittelalter zu den wirtschaftlich soliden Erwerbstätigkeiten. In Anklam teilte man im 18. Jahrhundert die Einwohnerschaft in drei Stände ein. Zum 2. Stand gehörten alle 38 Gewerke des Handwerks, die sich aber noch in drei Gruppen von 4, 10 und 24 Ämtern nach Rang unterschieden. Wer zu den ersten 4 Gewerken zählte wie die Schuhmacher, dünkte sich vornehmer als die dahinter platzierten Amtsbrüder.

In Greifswald arbeiteten per 1819 114 Meister mit 90 Gesellen bzw. Lehrjungen. Wolgast verzeichnete um 1830 31 Schuhmachermeister. Anklam brachte es 1854 auf 115 Meister mit 100 Gesellen. In Pasewalk boten nach der Gewerbetabelle von 1861 82 Meister mit 33 Gesellen und 21 Lehrburschen ihre Leistungen an, Penkun verzeichnete 27 Schuhmacher und in Lassan arbeiteten 26 Meister.

Die Schuhherstellung erforderte geringe Kapitalausstattung und war mit wenigen Werkzeugen und Materialien im Vergleich zu anderen Handwerken zu bewerkstelligen. An Handwerkszeugen wurden gebraucht: das Brustleder zum Körperschutz, Feile, Lochholz, Maßlade, Messer, Nähnadel, Stemmnadel, Zangen, Zwinge, Zuschneidebrett; an

Verarbeitungsmaterialien Leder, Garn, Holz, Pech und Zwecken. Der Arbeitsprozess begann mit dem Zuschneiden des Oberleders mit einem scharfen Messer auf dem Schneidebrett. Dann nähte der Schuster Vorderteil, Hinterteil und Futter zusammen, heftete die Brandsohle auf die Leisten und spannte den Schaft mithilfe einer Falzzange auf den Leisten. Anschließend nähte er Brandsohle und Oberleder zusammen, danach wurde die Laufsohle durch die Brandsohle genäht und abschließend der Absatz an der Brand- und an der Laufsohle befestigt. Als Nähmaterial diente festes Hanfgarn, das in heißes, flüssiges Pech (Harzprodukt) getaucht, fest und wasserabweisend wurde. Von der exakten, haltbaren Naht hing die Qualität des Schuhwerks ab. Das benötigte Leder aller Sorten wurde von den Gerbern der Stadt bezogen. Die Schuster zu Pasewalk besaßen in früheren Jahrhunderten die Erlaubnis, selbst Leder zu gerben.

Der Schuhmacherberuf war später ständig den wechselnden Moden ausgesetzt, weshalb die einen Männer-, die anderen Weiber- und die nächsten Stiefelschuster wurden. Bei Männerschuhen mit niedrigem Absatz konnte der Absatz sowohl aus Holz als auch aus Leder gefertigt sein.

Diese sehr individuelle und zeitaufwendige Handarbeit bei den Schustern wurde um 1830 erstmals durch die Erfindung der Holzstiftnagelung aus Amerika durchbrochen. Nunmehr wurde die Sohlen aufgenagelt anstatt genäht. Trotzdem brauchte ein Geselle immer noch 4 Stunden um ein Paar Sohlen aufzunageln. Ab 1868 besorgte die Schuhpflockmaschine das Besohlen mit Holzstiften. Dies waren eine zeit- und kostensparende Innovation und der erste große Impuls zur Massenproduktion. Einen zweiten Anschub zur Massenproduktion gab die Nähmaschine ab etwa 1850, welche besonders mit der zunehmenden Verwendung von Geweben für Damenschuhe die Anfertigung der oberen Teile sehr erleichterte. Wenig später kamen Leistenschneidemaschinen, Sohlendurchnähmaschinen, Stanzmaschinen zur Ausstechung der Sohlen nach Größen, Walzmaschinen, Absatzpresse, Schleifmaschinen und Ausputzmaschinen auf den Markt. Wenngleich einzelne Schusterwerkstätten sich die Nähmaschine oder andere moderne Maschinen zugelegt hatten, war die industrielle und Massenschuhproduktion nicht mehr aufzuhalten. Dem einzelnen Meister blieb die Genossenschaft oder die Flickschusterei, um sich der industriellen Konkurrenz zu erwehren, letztendlich konnten viele Meister ihre Gewerbe nur noch notdürftig mit Schuhreparaturen erhalten.

Segelmacher

Die Segelmacherei behauptete sich als ein wichtiger maritimer Zulieferzweig, solange Wasserfahrzeuge ausschließlich vom Wind angetrieben wurden. Und bis zum Aufkommen der rauchenden Dampfschiffe in der 2. Hälfte des 19. Jahrhunderts bewegten sich die Meeresschiffe ausschließlich mit Hilfe von Segel und Windkraft vorwärts. Ebenso waren die verschiedensten Fischereifahrzeuge mit einer Takelage ausgerüstet. Man betrieb in den küstennahen Bereichen der Ostsee, in den Bodden oder im Stettiner Haff, intensiv die Zeesenfischerei mit Schleppnetzen, bis schließlich Anfang des 20. Jahrhunderts Motorfischkutter und moderne Hochseefischereifahrzeuge diese traditionellen Fischereisegler ablösten. Bis dahin blieb auch die Flussschifffahrt mit den wirtschaftlich bewährten Haff- und Oderkähnen auf Segelkurs.

Wo Schiffs-, Boots- oder Kahnbau heimisch waren, wie auf Rügen, wie in den vorpommerschen Städten Anklam, Barth, Greifswald, Stettin, Stralsund, Ueckermünde, Wolgast oder auch in den Haffdörfern Grambin und Altwarp, fehlte auch der Segelmacher im Berufsbild nicht.

In Ueckermünde und Umgebung hatte sich seit etwa Ende des 18. Jahrhunderts das Segelmacherhandwerk voll etabliert. Zunächst bot der Leichterschiffbau ausreichende Arbeit und dann kamen Seeschiffbau und Kahnbau in wirtschaftlichen Schwung. 1861 erhielt Segelmachermeister Herrmann August Steffen aus Ueckermünde das „Verdienstehrenzeichen für Rettung aus Gefahr“ im Namen des preußischen Königs.

Nach der Volkszählung von 1867 arbeiteten im preußischen Staat insgesamt 171 Segelmacher. In Greifswald bildeten die Reepschläger, Sattler und Segelmacher ein gemeinsames Amt mit 7 Meistern. Ihre Aufträge erhielten die Werkstätten meist von den ansässigen Reedereien und so bildeten Segelmacher ein wichtiges Glied im arbeitsteiligen Prozess des Schiffbaus.

In der langen Handwerksgeschichte veränderten sich zwar Formen und Material für die Segel doch ein hoher Anteil an Handarbeit blieb bestehen. Auch nach Einführung der Nähmaschine blieben Scheren, Garn und Nadel die hauptsächlichsten Gerätschaften.

Doch veränderten sich mit der Entwicklung der Schifffahrt die Werkstätten, in denen die verschiedensten Vor-, Haupt und Hintersegel angefertigt wurden. Überwiegend wurde je nach Bestellung vom Schiffsbaumeister gearbeitet, auf Großsegel (Schönfahrersegel), Focksegel, Leesegel, Besamsegel um nur einige zu nennen. Im Detail beinhaltete die Handwerksarbeit den Zuschnitt der Stoffe und die Vernähung. Je nach den Maßen des Schiffsbaumeisters wurde die Arbeitszeit für den Zuschnitt eines großen Segels veranschlagt. Die Form konnte dreieckig oder bisweilen abgestumpft, trapezförmig und viereckig (Sprietsegel) sein.

Normierte, gültige Maße, Mustervorlagen oder gar einen Segelplan gab es noch nicht. Der Segelmacher benötigte eine große Arbeitsfläche, um die schwere Tuchbahn ausrollen zu können. Denn im Endergebnis setzte sich ein fertiges Segel aus einzelnen Stoffbahnen zusammen. Am äußeren Rand wurde das Segel ringsherum mit einem starken Saum und darin eingelegtem Tau eingefasst, das Tau wiederum diente zur Befestigung und zum Führen des Segels an Bord.

Fast alle Segel, mit denen man ab mittlerem, frischem Wind fuhr, wurden zu Reffsegeln gearbeitet, die durch Einbinden gegen Sturm kürzer gemacht werden konnten. Dafür nähte der Segelmacher quer über dem Segel das Reffband ein.

Die Qualität des Segels hing natürlich schon vom verwendeten Stoffmaterial ab. Zum Segeltuch eigneten sich ausschließlich dichte Gewebe aus starkem gedrehtem oder häufig gezwirnten Garn aus Hanf, das mitunter auch vermischt war mit Flachsgarn (Leinen). Das Material wurde meist importiert aus Russland, Holland, Frankreich, aber auch einzelne Gebiete in Deutschland fertigten größere Mengen davon an. Die besten Qualitäten kamen seiner Zeit nach einhelliger Meinung aus Holland, wo es unter der Bezeichnung Cannevas (Canvas) bekannt war. Das Segeltuch wurde gewöhnlich in einer Breite von 0,50 m und einer Länge von 15 Metern geliefert.

In alten Zeiten wurden die Segel wieder repariert, solange bis es eben nicht mehr ging. Für den Segelmacher brachten die Reparaturarbeiten einen guten Verdienst ein. Nach Stürmen, die stets mit kräftigen Unwettern verbunden waren, hatte er im Hafen alle Hände voll zu tun, um die zerfetzten Segel wieder seetauglich herzurichten. Das war eine körperlich anstrenge Handarbeit, die oft an Ort und Stelle bewerkstelligt wurde. Der Segelmacher nahm sein Kuhhorn, in dem die Nähnadeln im Talk steckten, fädelte starken Hanffaden ein und flickte die zerrissenen Stellen im Segeltuch.

Die heutige Arbeit eines Segelmachers beschränkt sich nicht mehr auf das Zuschneiden, Nähen und Reparieren von Segeln. Der Arbeitsbereich hat sich inzwischen verändert, dabei ist die Arbeit mit der Nadel, ob mit der Hand oder einer modernen Maschine geblieben. Dabei spielen verschiedene Freizeitsportarten eine Rolle und natürlich der Segeltourismus, die wichtigste Auftraggeber für den Segelmacher sind. Die kleine Zunft der rund 150 Segelmacher in Deutschland hat die Produktpalette enorm erweitert mit: Zelten, Planen für Lastkraftwagen, Markisen, Sonnenschirmen, Persenninge, Eckpolster für Boxringe und Werbeplanen usw. her. Die bundesweit einzige Berufsschule für Segelmacher-Lehrlinge befindet sich in der Ostsee-Stadt Travemünde und was wäre ein Sommer am Wasser ohne weiße Segel am Horizont.

Spielkartenmacher

Das Kartenspiel ist eine alte Erfindung zur vergnüglichen Unterhaltung der Leute quer durch die Gesellschaft und war von jedermann ein äußerst beliebter Zeitvertreib. Die Faszination vom Glück oder Pech, von Sieg oder Niederlage, gepaart mit Spieltaktik und strengen Regeln, aber mit Geschick, Spaß, Witz und List gespielt, erfasste seitdem späten Mittelalter gleichsam die höfischen, bürgerlichen wie bäuerlichen Kreise und Schichten. Seit dem vierzehnten Jahrhundert hatten Deutsche die Spielkarten erfunden. Die ersten Meister schnitten die Kartenmotive mit Bildnissen der Heiligen in Holz, setzten ihnen Namen oder auch Schriftstellen bei und druckten sie sodann auf Pergament oder starkes Papier. Die frühen Spielkartenmacher mussten geschickte Handwerker sein, denn an die Kartenfertigung wurden hohe Anforderungen gestellt. Eine Spielkarte wurde aus drei einzelnen Papierblättern geleimt, so dass ein fester stabiler Karton entstand, der strapazierbar war und nicht verformt werden konnte. Das war besonders wichtig, wenn es um das Mischen ging und wegen der (unlauteren) Taschenspielertricks usw. Die Qualität der Vorderseite war eine Frage des guten Holzschnitts, von Druck und Papier. Auch für die Rückseite durften keine Qualitätsabstriche geduldet werden, sie musste rein weiß oder vollkommen einfarbig oder stets gleichartig gemustert sein usw. Denn die Rückseite war das visuelle Objekt des gegenüber sitzenden Spielers, jede kleine Unreinheit im Papier konnte dem berechnenden Spieler als Merkzeichen für eine bestimmte Karte dienen und ihm dann einen unerlaubten Vorteil verschaffen.

Das Kartenspielen war auch im Volksleben der alten pommerschen Städte sehr beliebt. Nach getaner Arbeit und insbesondere am Sonntag nach dem Gottesdienst, trafen sich die Leute regelmäßig zu Geselligkeiten und Vergnügungen bei Tanz, Musik und allerlei Gesellschaftsspielen, natürlich im Herbst und Winter weit mehr als im Frühjahr und in den Sommermonaten. Das war einst so Sitte. Zu den beliebten Winterbelustigungen zählten wie überall Assembleen, Konzerte, private und öffentliche Bälle, Maskeraden, Schauspiel und dergleichen und darüber hinaus eben die in Mode gekommenen Spielgesellschaften für Karten- und Brettspiele in den Gasthäusern. Man saß in der Tischrunde beieinander, erfuhr nebenher Stadtneuigkeiten von allen Seiten und wenn ausreichend Spieler eingetroffen waren, um Spielpartien zu arrangieren, besetzte man die Spieltische. Natürlich gab es neben den Befürwortern, von verschiedenen Seiten kritische Stimmen z. B. zu der Moral der Leute, der Verführung zur kleinen Gaunerei etc.

Zu den großen Märkten wurde gerne verbotenes Spiel um Geld, die Hazardspielerei, offen und unverblümt betrieben, anscheinend sollte das durch die Handelsgeschäfte umgehende Geld rasch neue Besitzer finden. Jedoch griff die Obrigkeit bald mit regulierenden Polizeiverordnungen ein, die mehr oder weniger erfolgreich waren. Bei dieser nicht zu übersehenden Spielfreudigkeit der Bürger mussten immer wieder neue Karten erfunden werden.

Anfang des 19. Jahrhunderts konzentrierte sich die Spielkartenproduktion in Pommern auf ein Stralsunder Unternehmen, dass seit 1765 bestand und von Johann Caspar Kern gegründet wurde. Ab 1793 führte Georg Friedrich Schlüter die Spielkartenfabrik weiter und ab 1823 befand sie sich mehrere Jahrzehnte lang im Besitz der Familie von der Osten. 1823 übernahm Ernst Joachim von der Osten die Fabrik, ihm folgten 1845 Ludwig von der Osten, 1859 Carl Ludwig von Zansen und 1859 G. Mie, die ebenfalls zur Familie von der Osten gehörten.

1892 wurde das bedeutende Spielkartenunternehmen Tiedemann zu Rostock von der Stralsunder Spielkartenfabrik aufgekauft. Tiedemann hatte ein eigenes Kartenbild mit französischen Farbzeichen entworfen, dass er als „Rostocker Bild“ einführte und dass später erst als „Mecklenburger Bild“ bezeichnet wurde. Er entwarf ein Doppelbild und kombinierte dabei die Könige, Damen und Buben von Kartenbildern aus ganz Deutschland. Das Rostocker Kartenspiel mit 52 Blatt bildete die Könige aus dem süddeutschen Raum um Nürnberg nach, die Damen kamen aus Mitteldeutschland und die Buben aus dem norddeutschen Raum. Als besonderes Kennzeichen gab er dem König, der Dame und dem Buben die Bezeichnungen „Roi, Dame und Valet“.

Die Stralsunder Spielkartenfabrik erweiterte sich noch durch andere Unternehmenseingliederungen und nannte sich jetzt Vereinigte Stralsunder Spielkarten-Fabriken Aktien-Gesellschaft (VSS A.G.) 1893 beschäftigte die Stralsunder Produktion etwa 150 Arbeiter, zwölf Kontoristen und vier Reisende. Rund 45 Prozent der damals in Deutschland verwendeten Kartenspiele stammten aus diesem Unternehmen. Gefertigt wurden folgende Kartenbilder: Bayerisches Bild Stralsunder Typ, Bayerisches Bild Münchener Typ, Bongout-Bild, Darmstädter Doppelbild (1872 bis 1931), Feinste Deutsche Stralsunder (1855 bis 1892, fälschlich als Berliner Bild bekannt geworden), Frankfurter Bild (ab 1882), Fränkisches Bild (ab 1885), Französisches Bild und Doppelbild, Preußisches Bild (ab 1840), Renaissance-Bild (ab 1882), Rheinisches Bild (ab ca. 1920), Rokoko-Bild (ab 1913), Royal-Bild, Sächsisches Bild (1882 bis 1931), Sonderbilder mit deutschen Farbzeichen, Tarock-Bilder mit französischen Farbzeichen und Württemberger Doppelbild (1882 bis 1908).

Steinmetz

Allein die Berufsbezeichnung lässt erahnen, dass das Steinmetzgewerbe ein sehr altes Handwerk darstellt, doch sein Arbeitszweck bis in die heutige Zeit hinein sehr gewandelt. In fast jeder Stadt gibt es eine Werkstatt, die mit Fensterbänken, Treppen für den Hausbau arbeitet und in der die Grabsteine angefertigt werden. Verschiedenste grobe und feine Steinmaterialien stehen zur Auswahl und sind bereits in verschiedensten Formen und Größen vorgearbeitet, das heißt, sie sind in Standardgrößen zugeschnitten und flächenmäßig vorgearbeitet worden. Für den heutigen Steinmetz vor Ort ist die schwere körperliche Arbeit weitgehend eingeschränkt und so verrichtet er hauptsächlich die Endarbeit nach den Wünschen der Kunden. Das war alles früher ganz anders.

Die große Blütezeit erreichte das Steinmetzgewerbe, als man im Mittelalter allgemein im sakralen wie profanen Repräsentativbau vom Holzbau zum Steinbau überging. Im süd- und südwestdeutschen Raum erbaute man die monumentalen Kirchen und Kathedralen mit exakt zugearbeiteten Sand- oder Kalksteinen, wodurch sich die Steinmetze hier besonders ansiedelten.

Im Norden Deutschlands waren auch die Steinmetze mit ihrem Wissen und ihrer Handwerksarbeit im Bauwesen gefordert. Doch gab es von Natur aus hier keinen Sandstein, sondern Granit war das häufigste natürliche Steinmaterial. Das waren meist große Feldsteine, die häufig auf den Ackerflächen vorkamen. Durch die Arbeit der Steinmetze wurden sie in früheren Jahrhunderten zu bevorzugtem Baumaterial bearbeitet für die früheren Burgen und Schlösser, für den Kirchenbau oder zu Befestigungs- und Wehrbauten wie Stadtmauern, Stadttoren, Wehrtürmen usw.

Erste mittelalterliche Kirchen in Pommern entstanden fast gänzlich aus Feldsteinen. Mit der einheimischen Ziegelsteinfertigung dienten später die Feldsteine meist zum Unterbau des Gotteshauses. Noch im 19. und 20. Jahrhundert wurden Feldsteine auf den adligen Gütern verarbeitet. Die Bauhandwerker setzten die Wände von Scheunen ganz oder halb aus Feldsteinen und Mörtel zusammen. Nun musste nicht jeder Stein behauen werden, ausgesuchte Steine eigneten sich schon durch ihre natürliche Form für eine Wand. Aber zumindest an den Verbindungsstellen der Mauern wurden passende Hausteine zum Verbund gebraucht. Daher wurden sie passgerecht behauen und das war eine schwere und schmutzige körperliche Arbeit.

Der Steinbehau von Granit zeichnete sich durch eine besondere Härte des Steinmaterials aus, so das die Formung von Feldstein aus diesem Grund gegenüber dem Sandstein stark eingeschränkt war. Diese körperlich schwere Steinmetzarbeit wirkte sich auf die Länge der Zeit dazu gesundheitsschädlich aus, denn oft erhielten die großen, wuchtigen Steine durch den Trocken- oder Nassschliff erst ihre endgültige Flächenbearbeitung. Neben der Gefahr von Verletzungen durch Steinsplitter, legte sich der feine Steinstaub auf die Lungen.

Besonders begabte Steinmetze vollbrachten oftmals hohe künstlerische Arbeiten durch ihre Bildhauerkunst. Wertvolle Arbeiten entstanden mit Skulpturen und Plastiken in Stein gehauen.

Zu ihren wohl bekanntesten Werken auf Friedhöfen, Kirchen und Parkanlagen findenden sich Grabplatten, Säulen, Reliefs, Figuren, Köpfe, Taufbecken, Gedenksteine. Neben dem einheimischen Granit verwendeten die pommerschen Steinmetze auch Sandstein oder schwedischen Kalkstein. Der Steinmetz gestaltete Grabplatten vielfältig, durch eine in Stein gehauene Abbildung der Person, Wappen, christliche Symbole und Lebensdaten, alles dargestellt mit Ritzzeichnungen oder in eingetieftem Relief.

Mit Veränderungen in den Bautechniken, der Materialverwendung gab es für das Steinmetzhandwerk gravierende Einschnitte, die oft die handwerkliche Existenz gefährdeten. Doch fand sich zumeist für geschäftstüchtige Meister wieder eine Bedarfslücke, die das Gewerk aufrecht erhielt. Nach der Gewerbeliste von Pasewalk arbeitete 1861 ein Steinmetz mit einem Lehrling in der Stadt, in anderen Städten wie in Anklam, Wolgast oder Ueckermünde fehlte der Steinmetz ebenfalls nicht. Zu dieser Zeit bot beispielsweise der Chausseebau dem Handwerk Arbeit. Nach jeder preußischen Meile (7,532 km) wurde als Säule, Rundsockelstein ein Meilenanzeiger gesetzt, mit der Entfernungsangabe, um das Straßengeld exakt erheben zu können.

Bis heute ist der Steinmetz für die Entwicklung der Grabmalkultur wichtig geblieben. Ein bleibendes Grab mit Stein und Inschrift, Platte, Einfassung usw. ist noch heute gewünscht, ist aber ständigen zeitgemäßen Veränderungen in der Grabmalkultur unterworfen, durch anonyme Bestattungen, Wiesenbestattung, Friedwald oder Feuerbestattung und u.

a. m. Auch der Geschmack zur Gestaltung eines Friedhofes hat sich enorm geändert, obgleich es inzwischen spezifische Friedhofsatzungen gibt.

Tischler

Das Tischlerhandwerk gehörte zum holzverarbeitenden Gewerbe und verfertigte verschiedene Gebrauchsmöbel, sowie jeweilige Bedarfsprodukte für Kleinhaushalte, für Handwerksbetriebe und öffentliche Einrichtungen. Die Berufsbezeichnung in dieser Form festigte sich erst im 16. und 17. Jahrhundert, als man von „Schnittischer“ oder einfach „Tischer“ sprach, bis sich schließlich der Tischler im Norden durchsetzte, während im Süden vom Schreiner (hergeleitet von Schrank) gesprochen wurde.

Etwa 1228 wurde in Greifswald erstmals ein Tischler urkundlich erwähnt. Die älteste Amtsrolle der Tischler von Anklam stammt von 1561. Gelegentlich finden sich historische Spuren der ansässigen Meister, sowohl in alten Akten oder in den ältesten Bauwerken der Städte. So kaufte 1800 die Tischlerinnung in Anklam einen Kirchenstuhl in der Kirche St. Nikolai oder 1836 schloss die Tischlerinnung einen Vertrag mit dem Chirurgen Karstens über die ärztliche Behandlung ihrer Gesellen.

Den Ueckermünder Tischlern wurde am 08. Dezember 1747 von der preußischen Regierung ein Gildebrief übergegeben, der mit seinen Statuten für alle Tischlerzünfte im damaligen preußischen Teil Pommerns praktische Bedeutung erlangte.

Die Tischlerleute waren technisch und handwerklich gut ausgebildet, sie kannten sich mit verschiedenen Hölzern aus, waren in der Geometrie bewandert und geschickt in der Verfertigung. Drei Jahre lang dauerte die Lehrzeit, manchmal auch vier, wenn der Lehrherr den angenommenen Jungen z. B. regelmäßig mit Kleidern ausstattete. Freie Unterkunft und Beköstigung waren eine allgemein gültige Übereinkunft, was der Lehrjunge im Verlauf der Ausbildung durch seine Arbeit beglich. Nach erfolgreicher Beendigung der Lehrzeit begab sich der Geselle auf Wanderschaft, um seine handwerklichen Fähigkeiten und Kenntnisse in der Fremde zu vervollkommnen. Den vorpommerschen Gesellen wurde um 1840 besondere Werkstätten empfohlen in: Berlin, Dresden, Erfurt, Gera, Hamburg, Kassel, Mainz, München, Neuwied, Prag, Stuttgart, Weimar, Wien und Würzburg. Durch die neuen Erfahrungen, gesammelt außerhalb des Landes, gelangte auch manches moderne Möbelstück in die Heimat nach Anklam, Pasewalk oder Greifswald. Die schriftlich überkommene Galerie der Anklamer Meisterstücke von 1850-1900 mit Kleiderspinden, Wohnzimmerschränken, Brettspielen (Dame, Schach), Schreibsekretären, Nussbaumvertikows, Stubentüren, zweitüriger Kleiderschränken, diversen fournierten Schränken u. a. legt ein beredtes Zeugnis darüber ab.

Seit der Renaissance spielten auch gedruckte Vorlagen (Pläne) für alle Bereiche des Kunsthandwerks eine große Rolle, was ebenso für die Möbelanfertigung galt. Die Tischler lernten nach Zeichnungen und Rissen zu arbeiten und entwarfen eigene Möbelstücke. Dafür waren auch stets Fähigkeiten im Rechnen und in der Geometrie gefordert. Genaues Ausmessen und Vermessen der Materialien zählten zu den Grundlagen, bevor der entsprechende Zuschnitt und die genaue handwerkliche Verarbeitung erfolgten. Diese speziellen Fähigkeiten wurden von den Gesellen eingefordert, um den Meistertitel zu erlangen. Für die Anfertigung eines Meisterstücks wurde daher als Voraussetzung eine Zeichnung oder ein Riss gefordert, wonach der Geselle sein Möbelstück eigenständig verfertigte. Als im Anklamer Tischleramt 1781, nach einer Überlieferung, der Geselle Johann Friedrich Zimmer (gebürtig aus Anklam) zum Meister geprüft wurde, so legte er neben dem Meisterstück, ebenso den dazu gefertigten den Riss vor. Die Bewertung fiel wohlwollend aus, denn das furnierte Kleiderspind als auch der „vorgezeigte Riß waren accurat und sehr gut gefertigt, alles ohne Tadel .... und das Amt wünscht ihm zu seiner Profession viel Glück und Segen.“ Dagegen hatte sich vorher ein gewisser Schwanbeck beim Anklamer Amt um Aufnahme beworben, ihm wurde ein kleines Spint zum Meisterstück aufgegeben, welches aber als fehlerhaft verworfen wurde „und hierauf ist demselben die Verfertigung eines Damebretts aufgegeben worden, welches vom Amt angenommen wurde ...“

Die Bedeutung von Zeichenkunst und Genauigkeit für die Tischler wurde in den Zunftzeichen mit Hobel und Winkeleisen später mit einem Zirkel symbolisiert.

Durch den Umgang mit Plänen, Rissen und Zeichnungen konnte sich der Tischler auch am großen Hausbau beteiligen. Der Baumeister legte seine Pläne vor und der Tischler fertigte nach den geforderten Maßen und Orientierungen die bestellten Fensterrahmungen, Innentüren, Haustüren, Treppen oder gar Täfelungen für den Innenraum. Im Hausbau gerieten mitunter die Gewerke der Tischler und Hauszimmerleute aneinander. Die immer wieder auftretende Frage lautete dann, welcher Holzfachmann durfte welche Gegenstände herstellen? Nicht nur in

Greifswald z. B. sah sich der Rat wiederholt gezwungen diese untereinander aufflammenden Streitigkeiten zu klären. Man versuchte die Arbeitsbereiche abzugrenzen, sodass die Zimmerei die konstruktiven Holzteile eines Gebäudes wie Dachstuhl, Balkenlagen, Auskragungen der Geschosse und im Fachwerkbau besonders die Ständer, Riegel und Schwellen errichten sollten. Dagegen stand es der Tischlerei zu, die Teile für die Schließung des äußeren Gebäudes durch Fenster, Türen und die Auskleidung des inneren Gebäudes mit Treppen, Vertäfelung, sowie Mobiliar vorzunehmen.

Die Werkzeuge des Tischlers veränderten sich mit den Spezialisierungen des Handwerks bis zu Anfang des 19. Jahrhunderts kaum. Säge, Beil, Bohrer (Driwelbor), Hobel (Benghöwel = großer Hobel), Maßband, Meißel (Bötel) und Stechbeitel blieben scheinbar zeitlose Grundwerkzeuge. Hinzu kamen der Fuchsschwanz, der doppelte Hobel und verschiedenste Furnierwerkzeuge.

Als Tischlerholz kamen in früheren Zeiten hauptsächlich Eiche, Buche, Kiefer und Tanne zur Verarbeitung. Doch sollte allgemein gutes Tischlerholz ohne Knäste und Äste sein, nach alten Statuten sollte daraus auch das Meisterstück verfertigt werden. Eine besondere Erfindung um 1808 nannte sich Bugholz (gebogenes Holz), das war Buchenholz, das für konstruktive Tischlerarbeiten durch Wärme gebogen und geformt wurde, wodurch bisherige Tischlerverbindungen zwischen den Teilstücken nicht mehr notwendig waren.

Von den verschiedenen Eichenhölzern war die Sommereiche wohl das qualitativ beste Holz, denn gewachst und poliert traten die breiten Spiegel der Jahresringe und Markstrahlen deutlich hervor. Besonders im 19. Jahrhundert fanden auch Obsthölzer wie das helle Holz von der Birne, rötliches Material von der Kirsche oder das braune Holz vom Nussbaum den Weg in Wohn- und Arbeitsräume. Auch furnierte Möbel gehörte beim pommerschen Adel und bei wohlhabenden Bürgern zur Einrichtung von Wohnräumen, sie galten als gefällig und modern, sie wurden später weitervererbt, was alte Inventare belegen.

Der Nahrungserwerb der Tischler vollzog sich im Lauf der Jahrhunderte mit technischen Veränderungen und demzufolge gab es auch reichlich Konflikte. Möbel wurden ursprünglich im Einzelauftrag angefertigt, je nach Bedarf und Geldbeutel der Leute. Da die Wohnungskultur üblicherweise praktisch war, musste ein Tisch z. B eine bestimmte Größe haben, stabil und leicht zu pflegen sein. Küchentische und Stühle wurden gescheuert und nicht poliert, ein Möbel sollte Generationen überdauern.

Mit den bestätigten Amtsrollen wurden die Privilegien bestätigt, worauf ein jeder Meister achtete und ganz besonders auch in anderen Gewerken. 1797 klagte das Tischleramt zu Wolgast gegen aktenkundlich benannte „Pfuscher“ auf dem Lande. 1801 beschwerten sich die Lassaner Tischler und Schmiede bei ihrem Rat über die Einfuhr von Särgen, Laden (Truhen), Sensen, Beilen und andere Produkte von der Insel Usedom, während sie nichts dorthin auf die Märkte anbieten durften.

Mit dem Einzug der Technisierung und der damit verbundenen Fabrikarbeit wurde die Handarbeit zunehmend durch Maschinen übernommen. Die Folgen für Produktion und Absatz waren gravierend. Einzelanfertigungen wurden durch Massenproduktion ersetzt, das bedingte ebenso niedrige Preise der Gebrauchsgegenstände und die Käufer bedienten sich gerne. Aber viele traditionelle Meisterbetriebe waren der ständig anwachsenden Konkurrenz durch die Industrie nicht gewachsen, sie wurden von der großen Produktion als Fachkräfte aufgenommen. Einige wenige Werkstätten konnten der Konkurrenz standhalten. Sozusagen weltbekannt wurde der Wolgaster Tischlermeister Carl August Kütner jun., auf der Weltausstellung 1850 in London, wo er aus seiner Werkstatt eine Chissioniére mit gewölbter Türfüllung und mit Politur ausstellte.

Turmdecker

Hoch hinaus

Wo für die Meisten die normalen menschlichen Grenzen liegen, dort beginnt ihre Arbeit, in der Höhe, wo Vielen schwindlig wird. Turmdecker bzw. Turmdachdecker liefern Spezialarbeit in Perfektion, früher wie heute. Neubau, Restaurationen, Sanierung und Reparaturen von Turmdächern mit Fichten-, Lärchen-, Eichen- und Zedernschindeln, Kupfer- und Zinkblech, Schiefer- oder Steinplatten zählen zu ihren Dienstleistungen, ebenso das Anbringen von Wetterhähnen, Wetterfahnen, Turmschmuck oder Blitzableitern.

Viel Arbeit gab es für die Turmdecker in Pommern seit dem Mittelalter, insbesondere durch den Bau der Gotteshäuser mit ihren oft über 80 Meter hohen Türmen. In den Seestädten Greifswald, Kolberg oder Stralsund dienten die Türme zugleich als Landmarken für die Schifffahrt und waren in alten Seekarten eingezeichnet.

E. T. A Hoffmann lässt in seinen Elixiere(n) des Teufels sagen: „zu viel Spirituöses genossen und nun wie ein schwindliger Turmdecker"; aber das ist nur ein literarischer Spruch, denn Schnaps und Bier konnte sich dieser Berufsstand bei der Arbeit, wie in manch anderen Gewerken, wahrlich nicht leisten. Eine luftige Arbeitshöhe von bis zu und auch über 100 Metern und präzise Handwerkerarbeit bei einer Steilheit der Außenwand von 80 Prozent, insbesondere bei den mittelalterlichen Helm- oder Spitztürmen, diese schwierigen Arbeitsbedingungen, erforderten vom Turmdecker gediegenes fachliches Können, Geschicklichkeit und Mut. Gefahrvolle Arbeit am Seil war Alltag und sogar das Werkzeug Zangen, Schaleisen und Hammer mussten festgebunden werden, damit sie nicht gefahrbringend in die Tiefe fielen. Zur Arbeitshilfe, insbesondere zur Materialablegung, wurden Hängegerüste an Seilen geschaffen und zum Aufzug der Flaschenzug benutzt, ja einen modernen Kran gab es noch nicht.

Die älteste und meist verwendete Turmhaut ist das feuersichere Kupfer. Bei der Verlegung von Kupferblech war der Turmdecker im heutigen Sinne ein Klempner. Gut vorgenommene Kupferdeckungen halten viele Jahrzehnte, mitunter Jahrhunderte. 1586 wurde der Turm von St. Nikolai in Anklam mit Kupfer neu eingedeckt. Die Kupferdeckung am Hildesheimer Dom soll über 700 Jahre alt sein. Dann musste es natürlich gutes Kupferblech und das Material sorgfältig genagelt und miteinander verpfalzt sein. Denn Kupferblech ist im Jahresverlauf Temperaturdifferenzen bis zu 100 Grad ausgesetzt, im Sommer durch die Sonneneinstrahlung einer Hitze von 80 Grad und im Winter einer Kälte bis zu 20 Grad Celsius.

Vielfach verwendeten die Turmdeckermeister dann, mitunter auch als Ersatz für das teure Kupfer, die Eichenschindeldeckung auf Schalung, so beispielsweise für den Schlossturm in Ueckermünde nach dem Dreißigjährigen Krieg. Dort war allerdings das meiste Kupfer vom Schloss- und vom Turmdach während der Kriegszeiten gestohlen worden. Das Eichenholz wurde grundsätzlich handgefertigt, in dünnen viereckigen Tafeln geschnitzt, damit sich die Dachdeckung jeder architektonischen Bauform anpassen konnte. Eichenschindeln eigneten sich für komplizierte Dächer und Formen, beispielsweise für gotische Turmhelme, barocke Hauben, Zwiebeltürme sowie neugotische Kirchturmspitzen. Mit dem biegsamen Material gelang es dem Turmdecker jedem noch so kunstvollen und schwierigen Umriss zu folgen, bis die Schindeln schließlich ein dichtes genageltes Schuppenkleid bildeten, welches das Gebäude vor Nässe schützte und jede Schwingung, jede Brechung, jeden Dachabsatz elastisch machten. Zum besseren Schutz vor Nässe und gegen Fäulnis behandelte der Turmdecker die Schindeln abschließend mit Öl. Der große Nachteil dieser Holzdeckung war die im Vergleich zu Metalldächern leichte Brennbarkeit, ähnlich wie die von Stroh- und Schilfdächern, und die geringere Haltbarkeit geschätzt auf etwa 50 Jahre fiel auch ins Gewicht.

Eine dritte Turmhaut war aus Schiefer. Schiefer erwies sich als eine der besten und haltbarsten Bedachungen überhaupt für alte Burgen, Dome, Schlösser, Stadttore und Kirchen. Wegen des schwierigen und teuren Transports aus dem süddeutschen Raum wurde in Anklam, Bergen, Stralsund oder Stettin hauptsächlich mit englischem Schiefer gedeckt, der über See herkam.

War das Dach des Turms eingedeckt, war der Turm aber insgesamt noch nicht fertig. Traditionell wurde über der Turmspitze die Turmstange angebracht, an der Knopf, Wetterhahn und Kreuz befestigt werden konnten. Der Knopf oder die Hohlkugel aus Metall, häufig noch vergoldet, diente der Erinnerung. Für die nächsten Generationen legte man ein amtliches Dokument, gängige Münzen, Nachrichten über Wein- und Bierpreise und später eine Zeitung ein, verewigte die Namen der Ratsmitglieder, des Pfarrherren und des Baumeisters in der Kugel. Seit Ende des 18. Jahrhunderts wurde zum Schutz vor Blitzeinschlag ein Blitzableiter angebracht. 1802 erhielt der Turm von St. Nikolai in Anklam erstmals einen Blitzableiter.

Einmal mit Kupfer gedeckt, hält für die Ewigkeit, könnte man denke. Dem war aber nicht so, für Norddeutschland wäre eine Geschichte der Kirchturmspitzeneinstürze bzw. Turmeinstürze insbesondere durch Sturm, Orkan und Blitzschlag zu schreiben. Die Städte Pommerns bildeten da keine Ausnahme. 1478 war der Kirchturm von St. Marien in Stralsund fertiggestellt, nahm die imposante Höhe von 151 Metern ein, 1647 wurde er durch Blitzschlag zerstört und entstand 1708 in Höhe von 104 m neu. Der Turm vom Greifswalder Dom St. Nikolai verlor gleich zweimal seine Spitze. 1457 wurde mit der Kirchenerweiterung der Turm ausgebaut, 1480-1500 kamen ein achteckiger Aufsatz und eine ebenfalls achteckige gotische Spitze hinzu, womit der Turm die Gesamthöhe von 120 Metern erreichte. Und dann ging es stürmisch zu. Das erste Mal wurde der Turmhelm im Jahre 1515 heruntergerissen und erst 1609 wieder hergestellt. Katastrophaler wirkte sich der Absturz durch Sturm am 13. Februar 1650 aus, der das Kirchendach und das Gewölbe vom Mittel- und Seitenschiff zerstörte sowie die östliche Giebelwand zum Einsturz brachte. Die Bewohner Greifswalds, von Stralsund und Anklam und die schwedische Königin spendeten Geld für Baumaterial und Handwerksarbeit. Bereits einen Monat nach dem Zusammenbruch konnte mit dem Wiederaufbau der Kirche unter der Leitung Stralsunder Handwerker begonnen werden. 1651 waren die Dächer und Gewölbe wieder hergestellt, ein Jahr später erhielt der Turm seine neue barocke Spitze mit Kupferdeckung und um 1653 war auch der Bau des neuen östlichen Giebeldreiecks abgeschlossen.

Und dann kamen die Weltkriege, die Jahre 1917 und 1942, als Turmdecker das Kupfer von Kirchtürmen für Kriegszwecke abdecken mussten und zur Not Zinkblech oder Eichenschindeln drauf kamen. Aus diesem Grund erhielt beispielsweise der Domturm in Schwerin, der erst 1892 erbaut wurde, im Jahr 1969 seine dritte Kupferdeckung mit einer Fläche von 1600 m^2.

Uhrmacher

„Dem Glücklichen schlägt keine Stunde- ist ein geläufiges Sprichwort. Wehe dem, der nicht im entscheidenden Moment eine Uhr bei sich trägt, um pünktlich zu seinem Termin zu erscheinen. Der verpasst womöglich die Chance seines Lebens.

Zeitmesser gab es von alters her, so benutzten im Mittelalter die Mönche in Anklam, Greifswald, Pasewalk, Stettin, Stralsund oder Ueckermünde anfangs z. B. Sand- und Wasseruhren, um ihren Klosteralltag zu bewältigen. Doch waren die Zeitmesser nur nutzbar für einen begrenzten Zeitraum, wobei die Anfangszeit festgelegt wurde. Sonnenuhren gehören zu den ältesten Zeitangaben, an denen sich die Menschen orientieren konnten. Sonnenuhren galten als sehr zuverlässig, jedenfalls, wenn die Sonne schien. Einige zeigten nicht die Stunden, sondern direkt die Gebetszeiten für die Geistlichen an, vom Morgengebet bei Sonnenaufgang bis zum Abendgebet bei Sonnenuntergang. Spätere Sonnenuhren wurden mit verschiedenen Zeitangaben, einer Genauigkeit von weniger als 2 Minuten und mit künstlerischer Ausschmückung errichtet. Ein erstes Inventar an Sonnenuhren in Mecklenburg-Vorpommern aus allen Jahrhunderten zählt etwa 188 Objekte in 108 Orten, darunter befinden sich 13 Sonnenuhren, die nur noch in Akten nachweisbar sind.

Mit der Entwicklung mechanischer Uhrwerkhemmungen im 14. Jahrhundert wurden gewichtsbetriebene, mechanisch regulierte Uhrwerke gebaut. Der neue Mechanismus brachte verschiedene Uhrtypen hervor: große Turmuhren, kleinere Türmeruhren, Uhren mit Glockenspielen usw. Frühe Uhrbauer kamen aus materialverwandten Handwerken, von den Grobschmieden, Goldschmieden, Waffenschmieden, Glockengießer und Orgelbauer, die sich ganz besonders mit den technischen Abläufen eines Uhrwerks beschäftigten.

Über Kirchturmuhren in Anklam gibt es seit 1573 einige schriftliche Nachrichten und das Thema Reparaturen an Kirchturmuhren füllte später Verwaltungsvorgänge zu Anklam, Bargischow oder Blesewitz.

Am Bau einer kostspieligen Kirchturm- oder Rathausuhr waren meist mehrere Gewerke unter Leitung eines spezialisierten Uhrmachermeisters beteiligt. Die Zeigertafel (Zifferblatt) fertigte der Tischler an und der Maler gab ihr eine Schutzschicht. Der Zimmermann stellte Zeigerkammern (Uhrkammern) her. Der Schmied fertigte die Zeiger aus gutem, haltbaren Draht usw. Der Maurer befestigte die Zeigertafel am Ende oft an den hohen Kirchturm oder Rathausturm, je nach dem wo der Platz für die Öffentlichkeit vorgesehen war. Anlässlich der Einweihung, also zum guten Schluss, wurden von allen Handwerkern und der Gemeinde einige Gulden auf die Uhr vertrunken. Doch sollte das Uhrwerk stets in Ordnung gehalten werden, das konnte der Gemeinde mitunter teuer zu stehen kommen. In Lassan zog sich beispielsweise die Reparatur der Kirchturmuhr von 1736-44 über 8 Jahre hin, weil weder die Kirchgemeinde noch der Rat, die vom Anklamer Uhrmacher geforderte Summe von 40 Talern aufzubringen vermochten. Nach langer Ratlosigkeit und Not sprang schließlich der Uhrmachermeister Meisig aus Hohendorf ein, er reparierte das Uhrwerk für 4 ½ Taler und verpflichtete sich die Uhr für jährlich 3 Taler in Gang zu halten. Die Kirchturmuhr hielt dann bis Juli 1861 und danach wurde sie durch eine Uhr von Mölinger aus Berlin ersetzt.

Die Uhrmacher Vorpommerns bildeten ein angesehenes Handwerk, schließlich waren sie mit der Entwicklung der Mechanik unersetzbare Spezialisten geworden. Allgemein waren die technischen Fähigkeiten eine wichtige Voraussetzung für die Uhrentwicklung überhaupt und umgekehrt gaben sie nicht selten bedeutende Impulse zur Verbesserung des Mechanismus.

Seit Ende des 17. Jahrhunderts gab es nicht nur die großen, monumentalen Uhrwerke, sondern auch kleinere Uhren, die dank der Erfindung des Pendels angefertigt wurden. Das Pendelprinzip ermöglichte es nicht nur kleinere Uhren zu bauen, sondern die Uhrwerke wurden auch präziser in der Zeitangabe. Und die technische Entwicklung des komplizierten Uhrenwerks ging weiter voran. Nunmehr war die Unruhe mit Spiralfeder eine Voraussetzung für den Bau flacher Taschenuhren.

Damit bildeten sich im 17. und 18. Jahrhundert so genannte Kleinuhrmacher in den Städten heraus, die Wanduhren, Standuhren, Tischuhren, Wecker, Taschenuhren usw. für Haus, Heim und Person herstellen und reparieren konnten. Sie brauchten zu ihrer Arbeit kleinere und feinere Werkzeuge, und ganz wichtig sie benutzten ein Vergrößerungsglas. Für einzelne Bestellwünsche arbeiteten sie oft mit Tischlern, Holz- und Silberdrechslern, Kunststechern, Goldschmieden, Rotschmieden zusammen.

1771 erhielten die Uhrmacher Vorpommerns ein gemeinsames Generalprivileg und den Gildebrief, nach dem sie sich in ihrer Arbeit zu richten hatten. Danach betrug die Lehrzeit drei Jahre und das Lehrgeld wurde erlassen. Die Wanderzeit für Uhrmachergesellen betrug drei Jahre. Zum Meisterstück mussten die gewanderten Gesellen der Großuhrmacher eine Ziehuhr für die Stube, die alle viertel Stunden schlug, welche die Mondscheindauer und den Monatstag anzeigten und acht Tage lang ging, ehe sie aufgezogen werden musste. Die Kleinuhrmacher fertigten eine Taschenuhr mit Feder nach Augsburger Modell an, die alle Viertelstunden schlug.

Um 1840 waren in der Provinz Pommern 240 Uhrmacher und Gehilfen tätig. Mit wachsendem Wohlstand der Leute im 19. Jahrhundert nahm die Uhranfertigung einen kräftigen Aufschwung und damals wie heute entstand ein großer Bedarf an Reparaturkapazität. Ein Adressbuch für Kaufleute und Fabrikanten weist für das Jahr 1866 in Anklam gleich 5 Uhrmachermeister aus: F. Klein, A. Marsch, Pallowitz, E. Schmidt und Tippmann. In Ueckermünde arbeitete der Uhrmachermeister Krone, in Neuwarp der Meister Philipp Straatz und in Pasewalk die Uhrmacher Hehnke, Knick und Wenzkowsky.

Wie weit Werbung und Reklame für das Uhrmachergeschäft Ende des 19. Jahrhunderts wichtig wurden, zeigt diese Annonce des Uhrmachers Nitrady aus Tribsees im Ueckermünder Kreis- und Tageblatt vom Dezember 1891: „Wer bei mir von jetzt bis zum 25. Dezember abends kauft, erhält auf je 3 Mark Kaufpreis die abgerissene Hälfte einer Karte; die andere wandert in den Behälter. Am 25. Dezember abends wird ein Unparteiischer im Beisein von mindestens 3 Käufern eine der Karteihälften aus dem Behälter greifen, dieselbe wird von außen sichtbar an mein Schaufenster geklebt, und erhält der Besitzer der dazu passenden Hälfte bei mir ganz für umsonst je nach Wunsch als Weihnachtspräsent einen Nussbaum fournierten Regulator mit einem Aufzug 14 Tage gehend und schlagend oder eine echt silberne Herren-Remontoir-Taschenuhr am Bügelknopf aufzuziehen und zu stellen, auf 6 Steinen gehend usw. oder einen echt goldenen Schmuck."

Weber

Das Weberhandwerk war von Anfang nach der jeweiligen Garnweberei spezialisiert und streng geteilt in die Zunft der Wollen- und Leinenweber. Das Wollgarn wurde vom heimischen Schaf gewonnen und erst im 18. Jahrhundert stand mit der importierten Baumwolle aus Übersee auch pflanzliche Wolle zur Verfügung. Die Schafschur war terminlich einmal im Jahr, zu Pfingsten, für lange und beste Winterwolle festgelegt. Wurde zweimal im Jahr geschoren, zu Pfingsten und Michaelis, entstand dazu die kürzere Herbstwolle. Die Wollenweber erwarben dann jeweils ihr benötigtes Arbeitsmaterial. Später entstanden für den Wollaufkauf große, zentrale Wollmärkte in Stettin, Stralsund, Neubrandenburg oder Güstrow. Der Stralsunder Wollmarkt wurde 1913 aufgehoben.

In fast jeder Stadt gab es Wollenweber und damit die Leute sie auch bei Bedarf fanden, benannte man im Mittelalter nach ihnen Straßen u. a. in Bützow, Demmin, Neubrandenburg, Rostock, Stettin und Wismar.

Nach 1800 bestand in Bergen auf Rügen eine bedeutende Tuchmanufaktur aus 3 Webstühlen, drei Spinn- und zwei Kratzmaschinen, einer Wollmühle, einer Dampfmaschine zum Treiben der Kratzmaschine, einer holländischen Walkmühle mit 3 Kämmen, einer eingerichteten Färberei und einer zu zwei Mann aptierten Tuchscherer.

Noch früher als die Wollenweber traten die Leinenweber in Erscheinung. Bis heute ist der Leinenstoff nicht aus dem Alltagsleben der Norddeutschen wegzudenken. Leinen ist ein Naturmaterial aus der Flachspflanze, die vom heimischen Bauern angepflanzt und geerntet wurde. Meist wurde sie soweit bearbeitet, dass die Spinner aus den Flachsfasern das Leinengarn zogen und die Leinenweber den Stoff weben konnten. Wohl überall war qualitativ unterschiedliches Leinen ein gebräuchlicher Kleidungs- und Futterstoff, für Unterwäsche und ein gutes Material für Weißzeug: Betttücher, Tafeldecken, Servietten und überhaupt die gesamte Hochzeitsausstattung usw.

In Anklam sind die Ämter der Wollen- und Leinenweber 1399 erwähnt. Anklamer Leinenwaren wurden im Mittelalter bis nach Dänemark und Schweden per Schiff gehandelt. Die älteste erhaltene Amtsrolle der Greifswalder Leinenweber stammt aus dem Jahr 1425 und die der Wollenweber von 1445. Die Meister und Gesellen nannten sich damals auch Leinwandschneider. Die höheren, wohlhabenden Stände ließen feines

Linnen für den ehelichen Hausstand auch außerhalb anfertigen. 1777 existierte beispielsweise in Anklam eine Kaufmannskompanie für „schlesisches Linnen." Um 1830 gab es in Anklam aber noch 30 heimische Webstühle für Leinwand und 3 Webstühle arbeiteten ausschließlich für Leinenstrümpfe. 1861 hatte Pasewalk 5 Webstühle auf Baumwolle mit 2 Meistern und 4 Gehilfen, 10 Webstühle für Leinen mit 10 Meistern und einen Strumpfwirkstuhl mit einem Meister.

Für die Leinwandherstellung gab es in früheren Zeiten einige Besonderheiten, weil das Weben unter damaligen Bedingungen nicht einfach war, erforderte es doch einige Kraft und Geschicklichkeit. Die Leute waren sehr einfallsreich, sie ließen sich spezielle Methoden einfallen, um das Material in begehrter Qualität zu fertigen. Um das Reißen des Garns z. B. zu verhindern, webte man oft in kühlen Kellern oder „schlichtete" als unbedingte Vorarbeit zum Weben die Fäden mit einem aus Mehl und Wasser gekochten Brei. Man benutzte für die „Schlichte" seine besondere Rezeptur. Man kannte eine Schlichte „ut Swienketüfffeln" (Schweinekartoffeln) und mancherorts aus „Rüffelschellen" (Kartoffelschalen). War die Schlichte am Garn angetrocknet, blieben die Kettfäden beim Weben hart und reißfest.

Neben dem glatt gewebten Linnen wurden verschiedene in sich gemusterte Stoffe angefertigt. Dazu gehörten der feine Damast und der Zwillich, auch Drell oder Drillich genannt. Leinendamast mit weißen Blumen, Wappen, sakralen und anderen Figuren war eine Nachahmung des seidenen Damasts. Solche feinen Sachen wurden hauptsächlich für Tafeldecken, Altardecken und Servietten verfertigt. Diese spezielle Art der Weberei erforderte aber einen besonders konstruierten Webstuhl. Die Einrichtung eines Damaststuhls durch den Meister dauerte früher oftmals 4-5 Wochen. Seine Werkstatt musste groß sein, denn beim Weben von großen Tafeltüchern, war es notwendig, dass zwei Ziehjungen halfen den Stuhl in Bewegung zu bringen, um das entsprechende Muster zu weben.

Zu den wichtigsten Verbesserungen aller Musterweberei gehörte später der Jacquard-Webstuhl. Dadurch wurde nicht nur der Ziehjunge überflüssig, sondern die Webearbeit erleichtert, mechanisiert und qualitativ feiner.

Abschließend wurden die fertig gewebten Leinenzeuge entschlichtet, gebeucht und gebleicht oder gefärbt, je nach Auftrag. Die arbeits- und zeitaufwendige Bleiche oder Färberei übernahmen die Bleicher und Färber in den Städten. Zum Schluss erhielt die Leinwand durch Stärken, Mangeln und Glätten ihre feine Struktur.

Mit der zunehmenden Industrialisierung um 1900 nahm der Bedarf an Leinen zugunsten der Baumwolle rapide ab und die Stoffe wurden hauptsächlich industriell gefertigt. War aber einmal die handwerkliche Weberei in Vergessenheit geraten, gab es auch niemanden mehr der die Webstühle zu bauen und einrichten verstand. Im 20. Jahrhundert versuchte man staatlicherseits in verschiedenen Landesteilen von Pommern die Weberei als Winterbeschäftigung, besonders für die Fischer, erneut zu beleben. Dadurch sollte ihnen die Möglichkeit gegeben werden Geld zu verdienen. Allerdings erwies sich die Organisation und Ausbildung für die Hausweberei als sehr schwierig, allein die Beschaffung und Reparatur alter Webstühle schien fast unmöglich. Die Weberei war lange Zeit nicht an nachfolgende Generation weitergegeben worden, Gerätschaften, Handwerkstechniken und Mustervorlagen schienen verloren. Mittlerweile hat die Bekleidungsindustrie das moderne Interesse nach Leinen und Wolle sich zunutze gemacht und bietet verschiedene Qualitäten an, auch gerne als Ökotrend bekannt. Doch die traditionelle Weberei per Webstuhl ist immer noch aufwendig und körperlich anstrengend, sie wird heute selten gepflegt.

Zahntechniker

Anfangs wurde der Beruf unter merkwürdigen Bezeichnungen bekannt wie z. B. Zahnkünstler oder Zahnartist. Denn Zahnbehandlungen und künstlicher Zahnersatz haben sich allgemein mit der Medizin entwickelt, aber erst zu Ende des 19. Jahrhunderts spezialisierten sich einzelne medizinische Berufe heraus. Später und bis Anfang des 20. Jahrhunderts sprach man von Dentisten, die handwerklich sehr begabt waren und künstlichen Zahnersatz anfertigten. Die fortlaufende medizinisch-technische Entwicklung erforderte es schließlich, ausgebildete Zahntechniker an die Seite von Zahnärzten zu stellen.

Behandlungen von Zahnleiden in früheren Jahrhunderten erwiesen sich entweder als sehr langwierig, weil mit verschiedenen Pülverchen und Tropfen versucht wurde die Schmerzen zu beseitigen, oder als sehr rabiat, weil der Zahn sogleich gezogen wurde. In jedem Fall gehörten Zahnschmerzen lange Zeit wohl zu den äußerst unangenehmen Gesundheitsproblemen, da sie nie zur völligen Zufriedenheit des Betroffenen behandelt werden konnten.

Doch hörte man frühzeitig von allen möglichen Versuchen Zahnleiden zu lindern und zu beseitigen. An den herzoglichen Höfen in Wolgast und Stettin, auch für das zahlungskräftige Bürgertum in den Hansestädten, gab es schon früh Spezialisten für Behandlung von Zahnbeschwerden und Zahnersatz. Da gab es schon seltsame Versuche fehlende Zähne zu ersetzen, jedenfalls aus heutiger Sicht. Z. B. wurde darüber berichtet, dass natürliche (extrahierte) Zähne mit Gold- oder Silberdraht an die gesunden Zähne gebunden wurden, um die klaffenden Lücken zuschließen. Jedoch war ungehindertes Sprechen und Kauen kaum mehr möglich. Andere Versuche zeigten, dass Gebissunterlagen aus Knochen, Elfenbein und Nilpferdzähnen angefertigt wurden. Glücklicherweise blieb es nicht dabei.

Mitte des 18. Jahrhunderts begann man mit Wachsabdrücken und davon angefertigten Gipsmodellen zu arbeiteten, was die technische Genauigkeit und individuelle Passform des herausnehmbaren Zahnersatzes beförderte. Neues und verbessertes Material brachte dann den Einsatz von Keramik, bei dem sowohl die Zähne als auch die Basis ganz aus diesem harten Material gefertigt wurden. Die Zähne wurden nicht ausgearbeitet, sondern nur für den besseren Halt eingeritzt, die weiße Keramik mit verschiedenen Prozeduren eingefärbt. Aber auch dieses Material hatte einen enormen Nachteil, es war einfach zu schwer.

Ab dem 19. Jahrhundert konnte man mineralische Zähne als Vollkrone mit Stift in den Wurzelstumpf einsetzen, was durch mangelnde medizinische Wurzelbehandlungen mehr oder weniger erfolgreich ausging.

Den Durchbruch im herausnehmbaren Zahnersatz schaffte der Einsatz von vulkanisiertem Kautschuk, womit die Ära Zähne für jedermann einsetzte. Die Vorteile waren deutlich, denn der Hartgummi als Zahnunterlage hatte wenig Gewicht und ließ sich leicht bearbeiten. Doch auch dieses Material zeigte bald seine Nachteile, es war sehr porös, aber der Weg bis zum modernen Kunststoff war gelegt.

Nunmehr war die Zahnmedizin auf ihrem Vormarsch nicht mehr aufzuhalten und die Zeit der Zahn- und Schmerzbehandlung mit geheimnisvollen Tinkturen, Magnetismus, Tropfen, Seidelbastpflastern und Latwergen (Mischung aus Pulver und Sirup) war endgültig vorbei. An der Universität Greifswald arbeiteten 1887 bereits 2 Zahnärzte und drei

Zahntechniker. 1900 wurde an der pommerschen Universität erstmals ein Lehrstuhl für Zahnmedizin geschaffen. Mit den zahnmedizinischen Leistungen nach 1900 und intensiver Aufklärung für Zahnhygiene entwickelte sich auch die Zahntechnik. Die Leute begannen zunehmend Geld für künstlichen Zahnersatz auszugeben und es wurde für eine regelmäßige zahnärztliche Untersuchung in den Schulen gesorgt. Da man begriffen hatte: Vorsorgen ist besser als heilen.

In wirtschaftlicher Sicht entwickelte sich für viele Zahnärzte die Anfertigung künstlicher Zähne zum einträglichen Geschäft. Sie bewarben zahlungskräftig ihre „Ateliers für künstliche Zähne" wie im „Ueckermünder Kreis- und Tageblatt" und in anderen Tageszeitungen Pommerns. Künstliche wie natürliche Zähne nach Einzelkosten wurden angepriesen oder sie offerierten gar das Angebot den Zahnersatz mit der Post zu verschicken. Im Übrigen war es lange Zeit üblich sich einen medizinischen Rat per Post einzuholen. Da die Zahnärzte in den Städten eigenständige Ateliers einrichteten, kamen die Leute direkt in die Sprechstunde. Im Bedarfsfall wurde ein Gebissabdruck genommen und der Auftrag an einen Techniker weitergegeben. So wurde der Dentist zunächst Gehilfe im Atelier, womit es dem Berufsstand anfänglich nicht gerade leicht gemacht wurde.

Zum Schutz der Berufsinteressen gab es bald den Verein Deutscher Zahnkünstler, der später umbenannt wurde in den Verein Deutscher Dentisten. Der Verband beschloss eine dreijährige Berufsausbildung und die Reichsversicherungsordnung von 1911 nahm die Zahntechnik als anerkannte Versicherungsleistung auf. Im Unterschied zur heutigen Tätigkeit des Zahntechnikers war dem ausgebildeten und mit Praxisjahren bewährten Dentisten bzw. Zahntechniker aber ein breites Arbeitsfeld eingeräumt worden. Der Dentist durfte neben der Herstellung von künstlichem Zahnersatz noch Zahnerkrankungen behandeln: Ausziehen von schlechten Zähnen, Plombieren hohler Zähne, Nerv- und Wurzelbehandlung und Zahnsteinentfernung. Eine treffende Annonce eines Zahnarztes noch aus den 80ger Jahren des 19. Jahrhunderts lautete schon: „Suche Jungen zur Ausbildung in meinem technischen Bereich." Und ein Jahr später erschien vom selben Zahnarzt das Inserat: „Bin für zwei Wochen im Urlaub, für die Zeit vertritt mich mein Junge." Nach vielen anhaltenden Kontroversen um die Abgrenzung der Berufsfelder Zahnarzt und Zahntechnik, wurde 1930 die Zahntechnik dem Handwerk zugeordnet und 1933 wurde der Meistertitel eingeführt.

Anhang

Quelleneditionen

Bäcker

Bäcker zu Wolgast
„... wir zur notwendigen Versorgung dieser Stadteinwohner und anderer fremder Leute, so täglich es ... und ... unser kommers alle unseres Weizen so wir benötigen von der Stadt Pasewalk einkaufen müssen. Damit kein Mangel an Brot befunden werde, weil diese Stadt Wolgast keine große zu- und Durchfuhr bewegtes Korns ist belegen. Ja weil auch sonst ein Weißmehl, sowohl allhier, ... daß Maß an Weizen ist gewachsen .. ist voller Brand daher man nichts gutes davon backen kann. Wenn nun aber efg. erbuntertänige Stadt Pasewalk der Erbare Rat sowohl auch die Gemeinen in solchen Fällen uns Bäcker hindern/hemmen werden damit unser erkauftes Korn hierher bringen zu lassen genehmet sein, und wenn genehmet nicht ... wollen, das der erbare Rat und ausstatten wollen und also uns große Ungelegenheit sowohl auch dieser Stadteinwohner und fremden Leute zu hungern. Insonderheit, wenn kein Brot in dieser stadt vorhanden..... In Pasewalk auch den Beamten auf Torgelow und Ueckermünde ernstlich auferlegen und anbefehlen, daß sie uns keinerlei Wasserschiffe Korn hemmen, sondern dasselbige frei und sicher passieren und gestatten wollen, wenn der Zoll zu Torgelow und Ueckermünde entrichtet wird.
Wie oben ang. was dieser Stadt wie anderer fremder hereinkommende Leute zu jeder Zeit mit Brot ohne Mangel und vorweisslich versorgen können, ... 7. Oktober 1629/b Untertänige gehorsamte Alterleute der Bäcker in efg. Stadt Wolgast."

Landesarchiv Greifswald Rep. 5/ Titel 42/ Nr. 30

Amtsrolle der Bäcker von Usedom 1713

1/Wer das Bäcker Amt gewinnen und Meister werden will soll vorher allhier bei den Amts-Meistern ein Jahr lang gedient haben danach um das Meisterrecht gebührend anhalten und seinen Geburts- und Lehrbrief aufweisen, darauf mit dem wortgebenden Altermann ... und zuvörderst das Bürgerrecht gewinnen, wenn solches geschehen, 6 Mark sundisch oder 1 rtl. in des Amts-Lade geben und seine erste Eschung tun, bei dieser ersten Eschung soll er dem Rat geben Drei Mark und einen in den Altermann vier sundische schillinge. Hernach soll er seiner anderen Eschung tun, bei derselben zum Meisterrecht gestattet werden und zum Meisterstück backen von gute Teige, Roggen, Semmeln, wie auch drei knüstig schön Roggenbrot, und anstatt der Meister koste denen Amtsbrüdern zum besten geben eine Tonne Bier und eine Stiege Butter, Käse und Brot, dazu soll er ein Jahr 6 Schilling Meistergeld entrichten und solches in mittels angeloben und gebührend versichern.

2/So einer das Bäckerhandwerk lernen will solle ihm selbst ein Lehrmeister erwählen der ihm gefällig ist, sich bei dem Amt ansagen und sich einschreiben lassen, von der Zeit an zwei Jahre lang lernen und dem Lehrmeister Lehrgeld drei Gulden in die Lade und zwei Pfund Wachs zu den Kirchenlichtern geben. Will er nach den ausgestandenen Lehrjahren und wenn er los gesprochen ist, wandern, soll ihm solches frei stehen und der Lehrbrief ihm mitgeteilt werden. Will er aber auch hier in der Stadt dienen, steht ihm solches ebenfalls frei, und mag einem Meister so lange es Ihm gefällig dienen, auch von einem Meister zum anderen ziehen.

3/ Wenn aber eines hiesigen Meister Sohn das Handwerk lernt, oder das Meisterrecht gewinnt, entrichtet er von obengesetzten Geld, in allem nur die Hälfte, imgleichen auch wenn einer eines Meister Tochter heiratet; nimmt er aber eine Meisters Wittwe, ist nur desselben Meisters Geldes befreiet, und erlegt nur darauf 3.

4/Verstirbt ein Meister, so befehlt die Wittwe das Handwerk so lange sie lebt, oder an einen anderen Meister des Bäckeramts wieder verheiratet wird, jedoch das sie einen Gulden in die Lade, und einen Gulden Harnischgeld entrichtet.
5/Die Amtsbäcker sollen zu in der Zeit die Stadt, und derselben Einwohner mit guten und untadelhaften Brot versorgen, auch wenn ein jeder Bürger zu seines eigenen Hauses notiert bei ihnen backen lasset reinlich und unsträflich backen; dagegen Fremden außer den Jahrmärkten kein Brot feil haben, und verkaufen, auch sonst keiner Ihnen einigen

Eindrang hierin tun soll, bei Verlust des Brotes welches den Amtsbäckern mit Zuziehung des Stadtdieners wegzunehmen, und den Armen auszuteilen zugelassen sein soll.

6/So auch niemand, der das Handwerk gelernt oder gewonnen hätte, sich des Backens unterstehen und Weizen oder Roggenbrot verkaufen, oder für andere backen Backen würden, soll so oft es geschieht in 3 Strafen verfallen, 1 rtl. an die hohe Landesobrigkeit, 1 rtl. an den Rat und 1 rtl in die Amtslade.

7/Auch soll keiner der Bäcker denen Bürgern Brodt zum Verkauf backen bei Strafe 3 rtl. wie vor gemeldet.

8/Die Amtsbäcker sollen das Kaufbrot, Weizen und Roggenbrot auch Knüstebrot nach gewichten und in der größe, die jederzeit nachdem Einkauf des Korns, und nach Maßgebung der Tax und Victualordnung soll gemacht werden, bei Verlust derselben.

9/ein Bäcker soll dem anderen das Korn nicht in dem ers bedingt, aus der Hand kaufen bei Strafe 1 schilling in die Amtslade.

10/Wenn der Altermann die Amtsbrüder verboten läßt, wer nicht auf die Stund kommt, der hat zwei sundische Schillinge in die Lade; läßt der Altermann bei des Amts Willkür oder Strafe verboten, wer als denn gar nicht erscheint, ist in einem Mark sundisch verfallen, der Altermann verbricht aber alle Zeit doppelt.

11/Wäre ein Amtsmeister an Renten oder sonsten was in die Lade schuldig, und wollte es in Güte nicht bezahlen, soll er darauf gepfändet werden.

12/Geschehen in der Amtsversammlung Schelltworte oder Schlägereien soll das Amt im Beisein des Beisitzers, solches unter sich zurichten und abzustrafen Macht haben, der Bruch kommt in die Lade; wären aber die Scheltwort ehrenrührig und die Schläge blutrünstig gehört derselben Erörterung bei dem ehrwürdigen Rat zu, welche das Amt zu richten, zu vertragen, oder den Bruch zu verschweigen sich nicht unterstehn, sonsten einander der Meister aus seinen Beutel der hohen Landesobrigkeit und Rat zu helfen in Strafe der Fall sein soll.

13/Die Amtslade soll der worthaltene Altermann bei sich, und dazu den einen Schlüssel der nächste Altermann und den anderen Schlüssel der Gilde Meister, und die fleißigen Aufsicht haben das die Rechte und was sonst in die Lade gehört, darin kommen, von Jahren zu Jahren Einnahmen und Ausgaben wichtige Rechnung halten, in Gegenwart des Beisitzers ablegen und in die Lade verwahren. Aus der Lade sollen sie nichts unter sich teilen, sondern den vorhandenen Vorrecht zu des Amts Notwendigkeit getreulich verwahren und wen des halbet was auszugeben ist, oder auch bei für fallenden teuren zeite denen armen Amts Meistern damit auszuhelfen, dazu greifen und alles richtig berechnen.

14/Jeder Amtsmeister soll ehrwürdigen Rat jährlich vier sundische Schillinge Fenster Geld geben.

Landesarchiv Greifswald Rep. 6/Tit. 133/ Nr. 68

Böttcher

„An den Bürger Westphal. Wir erteilen ihnen hierdurch die mittels Antrags von 23. nach gesuchte Erlaubnis, zur Versendung von gesalzenen Küstenheringen nach Stettin sich solcher, Ihre Angabe nach das Ueckermünder Maß haltenden Tonnen zu bedienen, welche die durch die Bekanntmachung vom 16. September 1814 vorgeschriebene Höhe von 29 Zollen haben, dagegen aber die normalmäßige Weite von 16 Zollen um einen halben Zoll übersteigend und gestatten Ihnen, die hierzu erforderliche Anzahl von 200 Tonnen zu der Höhe von 29 Zoll und der Weite von 16 ½ Zoll anfertigen zu lassen. Stralsund 23. Februar 1818.
Rep. 65c Nr. 7339 BL. 4

Brauer

Auszüge aus der Demminer Brauordnung von 1688 „Vereinigungs-Recess der Brauer-Zunft in Demmin“:

§ 7 Das Bier soll allejahr bei der Zusammenkunft auf Martini und auch, da im Frühjahr eine Steiger oder Veränderung des Kornkaufs entstehen sollte, auf Philippi Jacobi, von den Altermann und anderen Zunftgenossen nach einmütiger Beliebung und zwar nach Einkauf des Gerstens Hopfen, Holz und anderer Unkosten taxiert; beim E. Rat die Taxa eingegeben und derselbe dann, was in der Art Bier also dessen dem Brauer nämlich Bitter „Krug“ und Fasel oder Speisebier zu brauen, freisteht/gelten soll, nach Erwägung zu seien hat.

§ 8 Es soll nach dem Altermann allerdings obligen richtige Register bei der Brauerladen zuführen, und jährlich auf Martini von allen und jeden Intraden, der Brauer-Compagnie in Beisein des worthabenden Bürgermeisters Rechnung abzulegen, widrigenfalls, da er damit ohne einfallende ...

Tit. II/ Von Brau- und Mälzhäusern
§ 1 Obzwar an diesen Ort, wie in anderen Städten auch gewisse Häuser, vorbei die Brau- und Mälz Gerechtigkeit ist, gewesen, und aber nach Einäscherung dieser guten Stadt, solche Gerechtigkeit sich mit verloren ... Als zum Brauen und Mälzen tüchtig und ohne gefahr darum gebrauet und gemälzet, oder es dazu sicher gemacht werden kann, widrigen falls demjenigen solches zu verbieten stehet, auch nicht eher in die Zunft zunehmen, bis er sein Haus dazu tüchtig gemacht und für Gefahr gesichert hatt und solches umsoviel mehr, daß der diesen in Anno (16)56, die halbe Stadt durch dergleichen unadaptirtes Brauhaus in Brand drauf gegangen. Dann auch das derjenige solcher anderer Professionen in die Brauer Zunft nicht kommen kann, inzwischen die Mälzerei gebrauchen und damit auch Handlung treiben will, der Brauer Zunft für die zu verlangene Freiheit 30 Mark zu erlegen widrigenfalls kein Mälzen bei gewisser Strafe demjenigen verstattet werden soll.

§ 2 Sollte auch ein Brauer 2 Häuser, welche die Brau- und Mälzgerechtigkeit haben, soll mit nicht concedirt sein, in beiden Häusern zu malzen und zu brauen.

Tit. IV:
Von Kaufleuten und andere Bürger, item Handwerkern, wieweit dieselbe zu brauen gerechtigt:

§ 1 Obzwar bei vorgewesenen Kriegs Zeiten und dabei erfolgten gänzlichen Ruin dieser guten Stadt auch die große Unordnung in Bierbrauen ingerissen, daß ohne Unterscheid der Häuser gedarrt und gebrauet, wer nur gewollt, ob er gleich verschiedenen Professionen dabei gehabt das Bier nach Belieben sowohl in als außerhalb Hauses ausgeschenkt, durch solches ungebührliches Winkelbrauen, die Nahrung, insonderheit derjenigen, so Profession von Brauwesen gemacht auch Klage berechtiget, und nachdem ...

§ 2 Es soll auch kein Kramer, ob er gleich allhier geboren oder in die Brauer Zunft gehört , indessen aber eine öffentliche Kramlade hält, und anderer Kaufmannschaft ... kein Mälz noch Brauwesen treiben, es wäre eben, daß er wegen der zuerlangenden Freiheit, im Mälzen ... sich mit der Brauer Zunft abfinde, öffentliche Brauerei aber soll ihm nicht verstattet sein, sondern bei gewisser Strafe verboten sein, auf den Fall aber, da er sein öffentlichen Kram casieren und abgeben würde, steht ihm frei, die Brauer Zunft nach ... zu gewinnen.

§ 4 … als auch auf Jahrmärkten soll das Winkelbrauen verboten sein ...

Tit. V: Wie und welcher Gestalt gut unsträfliches Bier gebrauet und verkauft werden soll.

§ 1: Damit auch ein jeder, er sei fremd oder einheimisch für sein Geld unsträflich Bier bekommen möge, so soll er hinführt keinen Brauer oder Mälzer vermenget Korn einzukaufen, zu vermälzen und zu verbrauen oder ... und dergleichen ins Bier zu tuen, bei Verlust des Gutes und 20 Mark Strafe, verstattet sein, sondern sich dahin zu befleißigen, daß er sich allemal guten reinen Gersten einkaufe, und gut untadelig Malz mache. Sollte sonst einiger redlicher Verdacht auf jemand geworfen und gebracht werden, soll sich derselbe ebenfalls mit einem Eid purgiren.

§ 2 Wenn auch das ungleiche Bier verkaufen, welches einem oder anderen ja ihm selbst ... Exempete, nur zum Schaden und Ruin geschieht nicht zu verstatten, so sollen die Brauer ihr Bier nach ... nach Vorschlag auf Einkauf des Gersten, Hopfens, Holzes und anderer dabei befindlichen und wohl über gelegten Ungelder, auf Martini und Philippi Jacobi vom Rat gesetzte, verkaufen und bei Strafe 10 Mark das Bier nicht höher, noch geringer denen freien oder anderen, als es gesetzt, zu verkaufen bemächtigt sein.
§ 3 (können die Brauer nicht bestehen so soll der Altermann zum Rat gehen und den Preis höher oder runter setzen lassen)

§4
Damit auch Handwerker und andere geringe Bürger oder Frauen Personen wegen Faß- oder Speisbier für sich oder ihre Kinder und Gesinde, sich nicht zu beschweren haben, mögen, falls als sich beliebt, daß die Brauer dergleichen Leuten, so solches Begehren, ohnweigerlich machen und für billige Bezahlung abfolgen lassen mögen.

Tit. VI: Von Krügern und Krügen

§ 5: ... Es sollen aber die Krüger sofern E. E. Rat in Beisein des Brauer Altermanns eidlich anloben, daß nämlich sie, das Bier nicht verfälschen wollen, auch durch ...

Tit: VII: Von Zufuhren, sowohl an Korn als Wulle

§ 1: Es soll kein Brauer dem anderen seine Zufuhren, sowohl an Korn, als Wulle abspunztig machen .... viel weniger soll er selbst noch seine Frau oder Kinder nach Dienstboten oder ander aufs Land, noch vor den Toren nach Korn und Wulle kaufen lassen, auch nicht durch Schreiben andere zum Vorfang des Korns oder Wulle ins Geldjagen oder an sich bringen, besonders abwarten bis es in die Stadt und zu Markt komme, oder von den Käufern Ihm angeboten werde, bei Strafe 10 Mark.

Tit. IX
Von Bierträgern. Obzwar die Stadt in vorigen Zeiten sich Bierträger gehalten, jetzt aber leider in Asche gelegen und daher ganz nahrlos liegt, dergleichen nicht nötig.

Demmin, 12. Januar 1688

Landesarchiv Greifswald Rep. 38 b Demmin Brauer Nr. 1

Friseur

Gesuch auf Errichtung einer Zwangsinnung für das Barbier-, Friseur- und Perückenmacher-Gewerbe zu Stralsund 17. Mai 1912

„... Der Barbier, Friseur und Perückenmacher bildete in früheren Zeiten zwei Berufe, der Barbier rasierte, schnitt Haare und war nebenbei als Heilgehilfe zur Unterstützung der Ärzte tätig, sein hauptsächlicher Beruf, war Zahn ziehen. Der Friseur und Perückenmacher schnitt Haare und machte Perücken. Bei beiden Berufen vollzog sich im Laufe der Zeiten eine große Umwandlung, hauptsächlich nach dem Feldzügen 1870 und 71. Bei dem Barbier ging der Heilgehilfenberuf fast ganz ein, erstlich weil mehr Ärzte kamen und zweitens entstand der Zahntechnikerberuf. Heute lassen sich nur noch die ganz unbemittelten beim Barbier die Zähne ziehen. Also vom Rasieren und Haarschneiden konnte der Barbier nicht leben. Einige wandten sich dafür dem Zahntechnikerberuf zu, die meisten dem Friseur. Es wurden Ausbildungsstätten geschaffen auch für die alten Barbiere ... um allen Neid und Harder zu unterdrücken nun eine Zwangsinnung bilden ... unsere Handwerk ist so zerfallen wie Deutschland einmal war ... Die Perückenmacher, die doch nicht allein vom Perückenmachen leben können, auch rasieren könnten, überzeugen (wir) gemeinsam unter einen Hut zu gehen und an einem Strang ziehen um das Gewerbe blühen zu lassen auch in den teueren Zeiten ...“

Landesarchiv Greifswald Rep. 65c/ 7190 Bl.183

Getreidemüller

1617 Lübecker Mühlensteinhändler erhält Privileg:
„Von Gottes Gnaden wir Philipp Julius Herzog ..., daß wir zeigen dieses, den ersamen besonders Mar. Heinen von Lübeck vor unseren Factore und Mühlensteinhändler in Kraft dieses constituieret, befehlen auf und angenommen haben, unser Land und Fürstentum jährlich mit guten düchtigen Mühlensteinen zuversehen. Und weil er sich anerboten und reversiert unser Land und Fürstentum mit guten und düchtigen Mühlensteinen nach nötig zu versorgen, auch keine Steigerung hierdurch verursacht, in dem gemachten Verkauf, als es die Gelegenheit erfordert und er es mit guten Gewissen tun kann, rechte Maße halten will.
Als haben wir Ihm vorstehtet und nachgegeben das er in allen unseren Landen und Fürstentümern seine Mühlensteine alleine zuverkaufen und zuverhandeln bemächtiget sein soll.
Dagegen befehlen und verbieten wir bei unser ..., das kein ander an unser Kaufleute solche Mühlensteine anfuhre, vielweniger die selbige verkauft ... Jedoch da ferner alleweit für dieser Zoll Mühlensteine in unser Land gebracht und aufgesetzt sollen dieselbigen hierunter nicht begriffen, noch damit gemeint sein. Und sollen die gedachten Marius Heinen mitgeteilten Privilegium fünfzehn Jahr lange wären. Von datuo anzurechnen auch ihm von dato niemand behinderung zugeführt werden. So fern einem jeden unser Umgenden und obberürte Strafe der configration. Seine mühlensteine lieb ist. Verkündlich haben wir unser Begnadung mit unserm Bitschaft bekäftigt und mit eigenen Händen unterschrieben. Datum in unser Stadt Stralsund am tage Esto Miki A. 1617.
Rep.5/Nr. 116

Glockengießer

Konzession für den Wolgaster Glockengießer Jacob Kratzer aus dem Jahr 1622:
„Von Gottes Gnaden. Wir Philippus Julius Herzog zu Stettin Pommern, der Cassuben und Wenden , Fürst zu Rügen ....Verkünden und bekennen hiermit nachdem Zeigner, die als Ehrsam unser lieber getreuen Jacob Kratzer seiner gelernten Kunst ein Stücken und Glockengießer, was nicht allhier gerühmet, sondern auch ein solches in der Stadt

bewiesen. Indem dafür er etliche Glocken und Stück Geschütz zur Probe gegossen und verfertigt. Die dann dermaßen gut und richtig befunden, das wir ihn deshalb so wohl in Gnaden ..., als auch daher das er sich will unser anmuthen in unser Residenz Stadt Wolgast häußlich niedergelassen in Bestallung genommenes Amt an den Dienst gnädige Conzession erteilen, das er hinfüro in unsern Landes indes sowohl bei den Ritterschaft und als in den Städten, von etwa, an Glocken, Geschütz und dergleichen zu gießen und zu verfertigen ..., für andere und in Sonderheit ausländischen zu solcher Arbeit bestellet, und angenommen werden möge, Begehren und befehlen demnach ehrsamen, insonderheit den Treuen der Ritterschaft und Städte, wie auch unsere Kirchen Patronen und Vorsteher, samt und sonders, daher dieselben etwa Glocken und Stücke verfertigen zu lassen gemeint, abgedachten Jacob Krazner für andere solche Arbeit zu überlassen und keine Fremden dazu zu bestellen …"
6. Novembris 1622 Wolgast.

Landesarchiv Greifswald Rep. 5/ Titel 42/ Nr. 30 BL. 23

Provinzialkonservator Stettin, den 13. Juni 1897

„Es ist wiederholt vorgekommen, daß ältere Glocken u.z. Teil die einen unzweifelhaften Denkmalwert haben, auch wenn sie nicht gesprungen oder sonst in einer Weise beschädigt sind, die sie für den kirchlichen Gebrauch untauglich machen, namentlich die Gelegenheit des Umgießens einer anderen Glocke den Gießer mit in Zahlung geben und zerstört werden. Glocken die einen Denkmalwert haben sind in unserer Provinz in verhältnismäßig großer Zahl auch jetzt noch vorhanden und des gilt dieselben zu schützen und zu erhalten. Glocken gehören oft zu denjenigen Ausstattungen der Kirchen, welche einen hohen künstlerischen Wert haben und dürfen deshalb nach den geltenden Bestimmungen der kirchlichen Behörden nicht ohne die Zustimmung der kirchlichen Behörde veräußert werden. Da nun die Gemeindekörperschaften über den Wert älterer Glocken zu urteilen in den seltenen Fällen in der Lage sind, dürfte es sich empfehlen, daß vor der Veräußerung von Kirchenglocken oder vor dem Umguß derselben ein Gutachten des Provinzial-Conservators eingeholt würde. Ich bitte deshalb, das königl. Consistorium wollte hochgenehmigst die Pfarrer mit einer entsprechenden Anweisung versehen. Lemke (Prof. Dr. Stadtgymnasium).

Landesarchiv Greifswald Rep. 55 Nr. 600

Kupferschmiede
Beschwerde der Kupferschmiede gegen hausierende Kesselflicker:

„Beschwerde: ... kommen wir armen Leute in Untertänigkeit, allerhand fremde Kesselführer aus Städten aus Lübeck und Rostock und anderen Orten sich allhier, wir kommen den Landessteuern und Bürden nach, die uns das Brod aus dem Munde ziehen. Ja alle anderen alt Zeuge an Kupfer, Messing, Zinn und anderen Grapen gute Heussich?/ heufig aus dem Lande führen, das wir fast mit ein Pfund alt gut bekommen können, ja auch bei den Leuten in Städten und Dörfern alle mundallen hierüber, denselben auf unsere namen .... alle gewalt in den Häusern und welches alles auf unsere Namen, und durchstrichen also das ganze Land. Ja müssen auch oftmals uns unseres gute Leibes und Lebens vorwagen wie wir denn gleichfalls in andere Landen mit Dörfern handeln wie einer unser Mathias Treschow zu Stagard auf 100 Reichstaler benommen. Ja die Fremden von Rostock, Lübeck anders vor deromaßen alhier in ... Lande herum und mutwillen hierüben, das es die Leute oft auf den Dörfern genug Klagen können, wenn wir denn dadurch an unseren Nahrung sehr verhindert und kaum einen Kessel oder Grapen verkaufen können wie auch an andere Orte nit ... ohne große Gefahr nit kommen dürfen. Auch alle im Lande und ... soviele Kupfersmiede und Kesselführer als auch .. Land und Städte voll versorgt werden können.... Gelangt die Bitte sicheren Schutz und ... Bittschaft dero selbe Conzession, daß kein fremder Kesselführer oder Kupfersmied allhier im Lande sich mit Waren oder Handel finden lassen wie denn wir ihn .. auch durch ein offenes Mandat auf alle Krugen offizieren lassen und dem Land einspringer gnädiglich demandieren wollen. Und da ferner der Einspanniger, jemand von den unsrigen antreffen würde... so Paß mithätte er denselben anzuhalten berechtigt sein soll, und das auch keiner mehr als mit einem Wagen im Land fahren sollt, damit der eine den andern nit unterdrücke. Damit wir also unsere Nahrung im Lande haben können.
Sämtliche Kupferschmiede und Kesselführer in E.f.p. ... Lande und Wolgastischer Regierung."
Landesarchiv Greifswald Rep. 5/ Titel 42/ Nr. 30 Bl. 26

Maler

„Concession für den Hofmaler Caspar Kenckel, erbeten in Alten Stettin, um nach Berlin weiter gehen zukönnen. – hat in Alten Stettin einige Schloß arbeiten erhalten, die aber schlecht bezahlt wurden, wird nun bedrängt das Bürgerecht zu erwerben und onera zu begleichen und Mitglied der Maleramtes zu werden. Das rechte Conterfayen wenig bekannt und nur bloße Malerei erhalten."
Landesarchiv Greifswald Rep. 6/ Titel 153/ Nr. 3

Schiffszimmerleute

BM und Rat von Stralsund, den 20. September 1848, wegen Beschwerde aus Barth.

Bericht über den Lohn der Barther Schiffszimmergesellen:

„ Es sind zwar über den Taglohn der Schiffszimmerleute vom Jahr 1692 und von 1718 (Vorschriften) vorhanden, jedoch hat man seitdem, seit langer Zeit, neue Schiffe nicht anders als im Akkord gebaut worden, auf die Beobachtung dieser Vorschriften nicht weiter gehalten. Wir haben deshalb den wortführenden Altermann vernommen, welcher erklärt, wie schon seit langer Zeit die Gewohnheit besteht, daß vom 14. Februar bis 14. Oktober: die Schiffszimmer-Amtsbrüder und Gesellen ein Tagelohn von früher 24 rtl., jetzt 17 sgr. zugestanden werden, bei Reparaturen werde ihnen wohl eine kleine Zulage von 8 Pfg. gemacht, oder eine Spund von Branntwein gereicht. Hierfür müßten die Gesellen und Amtsbrüder von morgens 6 Uhr bis Abends 6 Uhr arbeiten, wobei dieselben zum Frühstück ½ Stunde, zum Mittagessen 1 Stunde und zum Abendbrot ½ von der Arbeit befreit seien. Für jede Stunde, die mehr gearbeitet werde, würden 2 sgr. gezahlt. Vom 14. Oktober bis 14. Februar, wo solange gearbeitet werde, als es Tag sei, erhielten die Schiffszimmer-Amtsbrüder und die Gesellen ein Tagelohn von 14 sgr. bei gleichen sonstigen Verhältnissen."

Landesarchiv Greifswald Rep. 65c Stralsund Nr. 7014 Bl. 18

Schiffszimmerleute zu Wolgast

1. November 1828- Schiffszimmerleute Wolgast

Beschwerde über die Einstellung fremder Hilfskräfte, entgegen der Amtsrolle anno 1779 ....

... Artikul II schreibt eine Lehrzeit von 2 Jahren vor, die aber unbezweifelt zu kurz sein dürfte, als dass der Lehrling während desselben das Handwerk gehörig zu erlernen im Stande wäre, wobei auch noch der Umstand besonders in Betracht zuziehen ist, daß es den Meistern, da bei den jetzigen Konjunkturen hier wenige neue Schiffe gebaut werden, gewöhnlich während eines großen Teils des Jahres es an Arbeit fehlt, und der Lehrling mithin keine Gelegenheit hat, das Handwerk vollständig zu erlernen. Die mehrste Geschicklichkeit in der Ausübung seines Handwerks erwirbt der Schiffszimmermann sich unbezweifelt als dann, wenn er nach den Lehrjahren als Zimmermann zur See fährt und deshalb ist auch wohl in der Verfügung vom 31. Oktober 1819 erlassen, wonach die Prüfung der Schiffsbauer geschehen soll, vorgeschrieben, daß der um das Meisterrecht sich bewerbende Schiffsbauer zwei Jahre hindurch zur See gedient haben müsse, und besagt auch das an den hiesigen Magistrat aus Stralsund eingegangenen Gutachten .... ebenfalls als Schiffer oder als Matrose zu See gefahren sein müsse ...

Landesarchiv Greifswald Rep. 38b Wolgast Nr.7090 BL. 17

Schuster

Rolle der Amts-Gerechtigkeit der Schuster zu Wolgast / den 16. Monatstag May/Mai anno 1611.

1/So jemand das Schuster Amt und Gerechtigkeit in der Stadt Wolgast zu gebrauchen, und zu genießen, er sei Männlich oder weibliches Geschlecht, derselbe soll echt und recht von ehrlichen Eltern geboren und dabei eines guten, Gerichtes sein, seines Lebens und Wandels halber, das er nämlich seines Lehr- und Werkmeisters gleich und recht gewonnen.

2/Wo solch eine Person das Schusteramt zu gewinnen begehrt, derselbe soll des Alten Amtsgebrauchs nach vorerst ein ganzes Jahr bei einem Meister arbeiten. Nach Ablaufung eines vollkommenen Jahres soll er drei Eschunge tun, dieselbe durch zwei Amts Brüder fürbringen lassen und verbürgen auch zu mehr Vergewisserung dem Amt für eine Jede Eschinge vier Schilling sundisch entrichten.

3/Wenn solche Person seine Eschunge getan, soll er dem ganzen Amt nit allein glaub und genughaft verkündt seine ehrliche Geburt, sondern auch seinen Lehrbrief in Orginal fürbringen.

4/... soll er verpflichtet sein, dieser Amtsgewohnheit nach sein Meisterstück zuvor fertigen nämlich ein Paar Stülpstiefel und dabei ein Paar remlicher (klapff)Schuhe und Tüffels (Fischerstiefel -sind durchgestrichen-), welches alles das er in den Altermannes Behausung, wozu er einen tüchtigen Knecht, so ihm gesellig zu Hülfe gehen soll.

5/Hat er sein Meisterstück rühmlichst bestanden, soll er ins Amt auf und angenommen werden, folgendermaßen, das er nämlich vorerst anstatt der von Alters her gebührenden Amtsausrichtungen dem Schusteramt entrichtete Achtzig Pfundt Waches in die Kirche, zur Haltung der Schuhmacher Lichtkrons, auch danach mit hand gebender Treue anlobe, in billigen Sachen des Amtes Ordnungen und Gerechtigkeit sich ... halten.

6/Damit auch Meister Sohns Tochter und Witwe sich in etwas zu erfreuen, und einen Vorzug und Vorteil für Fremde haben mögen, so soll eines Meisters Sohn oder derjenigen, seines Meisters Tochter oder Witwe freiet, auf die Hälfte befreiet und nur Vierzig Gulden und ; Pfund Wachs an statt der Ausrichtung abzutragen schuldig sein.

7/Wenn der neue Amtsbruder seine Ausrichtungen ... verrichtet, soll Ihnen von den Alterleuten dies Amt gebührlich aufgetragen werden, daß er seines besten Vermögens nach Stiefeln, Schuhe und Tüffels machen und verkaufen möge. Jedoch soll er wie gebräuchlich, den Amtsbrüdern in gemeiner Zusammenkunft dienen und aufwarten, bis ein Junger nach ihm kommt.

8/Was er folgend bei den ersamen Rat Ihm für eines Bürgerrecht und annehmens, sich angeben wird, soll er ihnen einen Gulden für Gewinnung der Bürgerschaft nach er alten Gebrauch dieser Stadt entrichten, und dabei seine unstrafliche gute Rüstungen und gewehren, womit er unseres gnädigen Landesfürsten und Herrn zu jeder Zeit in ehren und nöten aufwarten kann, wirklich zeigen und solche Rüstungen und Gewehre nach Gelegenheit seiner Wohlfahrt künftig verbessern, und nit verringern.

9/Ferner soll auch des Jungen Amtsbruders Hausfrau, damit sie für eine Amtsschwester auf und angenommen werde, anstatt der von altersher gebräuchlichen Ausrichtungen dem Amt zwanzig Mark sundischer Währung und zwei Pfund Wachses zu des Amts-Lichtkrone in die Kirche entrichten. Jedoch ist auch der Unterschied zu halten, das eines Meisters Tochter oder eines Meister Sohnes Frau nur den halben Teil zu entrichten verpflichtet sein soll.

10/Alle Gelde, welche von den jüngeren Amtsbruder und Schwestern, wie vorberührt, erlegt, sollen nebst andern gemeinen Einnahmen bei gewissen Leuten auf Zinse ausgetan werden, und sollen die Alterleute pflichtig sein, nit allein die Zinsen jährlich zu Register zu bringen, sondern auch davon alle Jahre auf eine gewisse Zeit das allgemein Amtsbruders richtige Rechenschaft zu tun.

11/Als auch von langen Jahren hero ein Brav Kessel beim Schuster Amt gehalten, und uns gebührliche Zinse den Bürger verheuert/verfeuert?, so sollen die Alterleute solchen Kessel in fertigen Stand erhalten, und ebenfalls die eingenommenen ... den ganzen Amt jährlich berechnen.

12/Es sollen auch die Alterleute mächtig sein, diejenigen, so in gemeinsamer Amtszusammenkunft unter sich einigen Unlust oder Gezänk anrichten würden, nach Gelegenheit zu strafen. Jedoch sollen injuri und andere Sachen, so für die gebührende Obrigkeit gehören, hinrunter mit verstanden sein.

13/Ferner da irgend ein Amts Bruder des Tots verfiele, soll seiner Hinterlassenschaft Witwe das Handwerk auf ein Jahr und Tag ungehindert zu gebrauchen verstattet werden.

14/Wenn auch ein Amtsbruder, Amts Schwester oder ihrer Kinder jemand mit Tot abgangen, solen alle Amtsbrüder und Schwester samt und sonders derlei Bestätigung mit ihrer kegen wardt beiwohnen. Bei … ein Halb Pfund Wachses, der Lichtkrone in der Kirchen zum besten, es wäre dann, das Jemand daran .... befindet und sich deshalben entschuldigt.

15/weiter so soll ein jegliches Amtsbruder sich keiner vor henglichen (verhänglichen) Handlung wegen Einkauffung des Leders und Lohes gebrauchen, und nit mehr als er zu sein selbst eigen Werkstatt benötigt, an sich bringen, so fern er aber darüber etwas an sich gebracht, und dessen zu entraten, soll er dasselbe allhier in der Stadt lassen und jemands seiner Amtsbrüder in billigen übergonnen?, im Fall er dawieder zu handels sich wiedersehn würde, soll er nach gestalten Sache von den Alterleuten gestraft werden.

16/ Gleichfalls sollen die Meister des Schusteramts den Verkauf der Häute bei den Bürgern so wohl als Schlachtern in der Stadt, für fremden haben, wie dann auch der Frone seine gesamte Farbleder vorerst den Schustern alhier präfetieren und ihnen dieselbe gegen billiger Zahlung für andern und fremden zukommen lassen soll.

17/Als sich auch die Zusteller zur Ungebühr unterstehen machten, den Leuten außer Landes die Häute zu gerben, so soll ihnen solches verboten sein, und woher sie darüber betroffen, soll demzu jeder Zeit anwesenden Richtvogt angemeldet und von Ihnen der Gebühr gestrafft werden.

18/So sollen auch die Tüffler, weil sie keine Amtsgerechtigkeit haben, einige Schuhe zu machen und zu verkaufen nit mächtig. Jedenfalls sie dawieder handeln, soll aus geschehen ankünden, wieder sie durch den Richtvoigt wirklich exequiret, und ein Teil der Strafe den Gerichten und der ander Teil dem Amtwegen allerhand ..., so ihnen diesfalls aufzuwenden oblieget, zugeignet werden.

19/Weil auch die Schuster ein eigen Gerbhof für der Stadt Wolgast haben und dahero ihr Leder selbst gerben können, so soll ihnen zum Nachteil und Schaden kein einiger Lohgerber alhier gelitten, oder auf sein eigen Hand Leder zu gerben verstattet werden.

20/Es soll ein jeder, der sich des Schuster Amts gebrauchen will, in der Stadt, alda unser gnädiger Landesfürst und Herr angerichtet interessieren, seine Wohnung haben, und nit anderswo.

21/Es sollen auch, dem althero gebrachten Gebrauch nach keine Schuhmacher oder Fuscher umher außer Lande in den Dorfern auf zwei Meilen von der Stadt, so wenig auch in der Stadt, als draußen aus allen wirken gelitten, sondern durch Hilfe der Amtsleute und Bürgermeister und Rates und den Richtern ernstlich verfolgt und abgeschaffet werden.

22/So soll auch ein jeglicher Meister sich dahin befleißigen, dass er gute unstrafliche Waren mache, und den Leuten verkaufe und daher jemand falsche und undüchtige Waren halber beschuldigt und im Augenschein dessen aber wissent würde ...

23/So sollen auch aber fünf Jahre Meister in dem Schuster Amt/ in Anmerkung das itzo der –renovation-Bestätigung der Rolle/ das selbe Amt nit höher das nur nit neue Meister besetzt/

24/... soll auch andern Leuten, so wohl in als auch außerhalb Amts einig Leder zu gerben und denselben davon Schuhe zu machen bei Verlust der Waren verboten sein, wie auch 10 R Strafe falls dem Gericht und falls dem Amt zu legende, geboten und anbefohlen sein.
Landesarchiv Greifswald Rep. 5/ Titel 42/ Nr. 30 Bl. 32-38

Tischler

Aus dem Meisterbuch der Anklamer Tischler (1732- 1927)

1747 den 29. April wurde Johan Kessel gebürtig aus Friedland, bei dem hiesigen Amt der Tischler zum Meister angenommen, nachdem er zum Meisterstück vorgezeigt: ein mit zwei Türen verfertigten Kleider- Spind und hat in die Amtslade bar gelegt 3 rtl., zur Cämmerei 12 g., zu Wachslicht 10gr.

1752 den 28. August Johan Fink, Sohn von Altermann Jacob Fink, hat eine Meisterstück verfertigt ein Kleider- Shap mit 2 Türen.

1756 d. 14. Juni hat Johan Gottlieb Nitz zum Meisterstück verfertigt ein Brettspiel.

1760 d. 28. Juli Daniel Detloff Wörenhoff, in Putzar gebürtig, zum Meister angenommen und hat zum Meisterstück ein fourniertes Brettspiel gemacht, auch die Amtsgebühren an die Lade entrichtet.

1764 d. 18. November hat Johan Saeger, Sohn des Altermanns, ein fournierten Kleider-Spind verfertigt.

1763 d. 5. Juli Georg Christian Linde aus Schwerinsburg ... zum hiesigen Amtsmeister angenommen. Es bleibt derselbe zu Schwerinsburg, weil er kein Meisterstück als eingekaufter Meister verfertigt hat, sollte er sich aber resolvieren, sich in Anklam etabliren, sodann nach Privilegien verfertigen.

1781 d. 5. März zeigt der Meistergesell Johann Friedrich Zimmer aus Anklam gebürtig, dem Amt gebührend an sein Meisterstück vor, wovon er vorlängst den Riß produziert, Prüfung des Meisterstücks, welches in einem fornierten Kleider-Spind bestand, und fand solches nach dem vorgezeigten Riß accurat und sehr gut gefertigt ohne Tadel .... und das Amt wünscht ihm zu seiner Profession viel Glück und Seegen.

17. Juni 1793 Friedrich Quade aus Krackow im schwerinschen Mecklenburg gebürtig, zum Meisterstück eine Dame-Brett.

17. Februar 1800 Schwanbeck hat sich beim hiesigen Amt um Aufnahme beworben, so ist demselben ein kleines Spint zum Meisterstück aufgegeben worden, welches derselbe auch verfertigt und produziert hat, vom Amt aber als fehlerhaft verworfen wurde und hierauf ist demselben die Verfertigung eines Damebretts aufgegeben worden, welches vom Amt angenommen wurde.

23. Oktober 1804 H. aus Anklam ein Meisterstück ein Sekretär gewählt.
Landesarchiv Greifswald Rep. 38b/ Anklam Nr. 3765

Quellen und Literatur

Codex diplomaticus Brandenburgensis. Bearb. von Riedel, A. F., Berlin 1841 ff.

Dähnert, J. C.: Sammlung gemeiner und besonderer Pommerscher und Rügischer Landes-Urkunden, Privilegien, Verträge, Constitutionen u. Ordnungen. Bd. 1-3, Suppl.-Bd. 1 u. 2 fortgesetzt v. Klinkowström, Suppl.-Bd. 3 u. 4, Stralsund 1765-1802.

Des Thomas Kantzow Chronik von Pommern in hochdeutscher Mundart. Hg. von Gaebel, G., Bd. 1 u. 2, Stettin 1897-99.

Klempin, R.: Diplomatische Beiträge zur Geschichte Pommerns aus der Zeit Bogislw X. Berlin 1859.

Klempin, R./Kratz: Matrikel und Verzeichnisse der pommerschen Ritterschaft. Ständig Reprint Vaduz/Lichtenstein 1995.

Pommersches Urkundenbuch (Veröff. d. Historischen Kommission für Pommern). Bd. 1-10, Stettin, Köln/Graz 1877 ff.

Protokolle der pomm. Kirchenvisitationen. Bd. 1-3, hg. von Heyden, H., Köln 1961-64.

Literatur:

Bartelt, August: Geschichte der Stadt Ueckermünde und ihrer Eigenthumsortschaften. Ueckermünde 1926.

Berghaus, Heinrich: Landbuch des Herzogthums Pommern und des Fürstenthums Rügen. Enthaltend die Schilderung der Zustände dieser Lande in d. 2. Hälfte des 19. Jh. Bd. 1-13, Anklam 1865-76.

Bethe, H.: Die Kunst am Hofe der pommerschen Herzöge. Berlin 1937.

Bossse, Heinrich: Die Forst, Flur- und Gewässernamen der Ueckermünder Heide. Köln/Graz 1962.

Brüggemann, Ludwig Wilhelm: Beiträge zu der ausführlichen Beschreibung des gegenwärtigen Zustandes des Königl. Preuß. Herzogtums Vor- und Hinterpommern. Bd. 1 u. 2, Stettin 1800-1806.

Die Bau- und Kunstdenkmäler des Regierungsbezirks Stettin. Heft III: Der Kreis Ueckermünde. Hrsg. von Hugo Lemcke, Stettin 1900.

Die Bau- und Kunstdenkmale in der DDR-Bezirk Neubrandenburg-Landkreis Ueckermünde. Hrsg. vom Institut für Denkmalpflege. Henschelverlag, Berlin 1986.

Ewe, Herbert: Das alte Bild der vorpommerschen Städte. Verlag Hermann Böhlaus Nachfolger, Weimar 1996.
Großkopf, Heinz: Ueckermünde - Beiträge zur Geschichte der Stadt und der Region. Hrsg. vom Heimatbund „August Bartelt“ Ueckermünde, bearbeitet von Karola Stark, Hans Eberhard Albrecht und Anneliese Großkopf, Ueckermünde 2002.
Handbuch der historischen Stätten Deutschlands. Band 12 Mecklenburg/Pommern. Hrsg. von Helge Bei der Wieden u. Roderich Schmitd. 1 Aufl.-1996. Stuttgart: Kröner.
Hantke, Max: Der Kreis Ueckermünde. Pasewalk 1914.
Hinz, Johannes: Pommern-Lexikon, Bechtermünz Verlag, Augsburg 1997.
Vollack, Manfred (Hg.): Der Kreis Ueckermünde bis 1945. Ein pommersches Heimatbuch. Husum Verlag 1992.
Wehrmann, Martin: Geschichte von Pommern. Bd. 1 u. 2, Gotha 1919/21.
Wutstrack, Ch. F.: Kurze hist.-geograph.-statist. Beschreibung von dem königl. preuß. Herzogthume Vor- und Hinterpommern. Stettin 1793, Nachtrag 1795.